北欧风格的缝纫书

北欧风格的缝纫书

——21种有季节特色的创意方案

［芬］卡吉沙·威克曼（Kajsa Wikman）　著

赵佳荟　译

华夏出版社
HUAXIA PUBLISHING HOUSE

此书献给

艾尔莎（Elsa）和爱德文（Edvin），你们是最棒的！

特别鸣谢

首先，我要特别感谢苏珊娜·伍兹。谢谢你的建议，提醒了我是时候出本书了。同时，还要谢谢 C&T 的所有成员，要不是你们，我不可能写出这么棒的书。

我还要谢谢珊娜，谢谢你出色的摄影技术和绝佳的团队合作精神。

谢谢我的家人们，谢谢你们对我的鼓励和帮助，以及你们带给我的欢声笑语。

还要感谢我亲爱的托特，谢谢你在我写书过程中的一路陪伴。无论是顺境还是低谷，你都不遗余力地支持我。

此外，我还得感谢网友们多年来对我的支持。看到网上有这么多爱我、支持我的朋友，我每天都心怀感激。我还要感谢洛琳、婕科琳、艾米、爱丽丝、凯迪、梅特、安妮、迪、卡拉、凯伦、鲁斯、莱斯利、丽塔、梅菲、露西、安妮娜、玛丽切尔勒、尤拉、米勒、艾格尼丝、伊莎贝尔等许许多多的朋友。

目　录
Contents

前　言

　　春天里绽放的第一朵花儿，夏天的海洋和海里的鱼儿带来咸湿的空气，绚烂秋天里火红的枫叶，芬兰四季的美景为我提供了源源不断的灵感。每当季节变换的时候我总有焕然一新的感觉，这使我有了新的理由创作新的手工作品。当我写这本书的时候，离开学还有两个星期。尽管现在正是炎炎夏日，我却已经开始想象在本书第 102 页中能看到的绚丽多彩的秋叶了。

　　接下来就要进入一年当中最寒冷、最黑暗的季节了，但在寒冷之中还有让人感到温暖的圣诞季。在这个节日期间，我会迎来一年当中最忙碌的时光，有很多事情需要做，如举办手工展览，参加有烛光、姜饼和热葡萄酒的社交活动等等。这时候当然少不了圣诞老人的好助手、我们的圣诞小精灵了！在本书第 116-121 页中我会详细介绍他们的做法。接下来就该舒舒服服地在家里等待光明和瑞雪了。在这段时间里，我们可以烤一些面包，也可以亲手缝制一个新的抱枕（第 48 页）。也许您所在的地方四季变幻和北欧的不尽相同，但我依然衷心希望您可以愉快地走进我的世界，和我一起欣赏它的美。我还希望您可以从中找到灵感，学到一些新东西。如果您是缝纫新手，我希望这本书能鼓励您拿起手上的针线，找到自己的缝纫之路。

　　若不是孩子们给了我启发，我也许至今还在寻找能诠释我内心艺术追求的最佳方式。自从有了孩子们，我意识到有时候并不需要深层发掘，只需从表面下功夫，就可以找到创意之所在了。艺术可以是好玩的，更可以是快乐的。想一想，还有什么是比发现生活中简单而微小的快乐更重要的呢？

　　我终于找到自己的艺术使命了，那就是要给人们带来欢笑。希望这本书同样能给您带来欢笑。

互联网上的手工世界

　　在互联网刚刚诞生的时候，人们高估了它，认为它能够带来无穷的机遇。然而，我连做梦都没想到互联网会成为我生活当中不可或缺的一部分。我从未想过有一天会成为网虫，更没想到自己会成为所在的街区里最沉迷于网络的妈妈。在家里照顾孩子们的时候，我把绝大多数的时间都花在了互联网上，希望能找到除了尿布和婴儿食品之外更多的话题。我成功了。我找到了许许多多和我有着相同兴趣爱好的人。我发现了博客的世界，并开始经营自己的博客（http://syko.typepad.com）。这为我打开了一扇崭新的大门，了解到世界各地网友的创意。

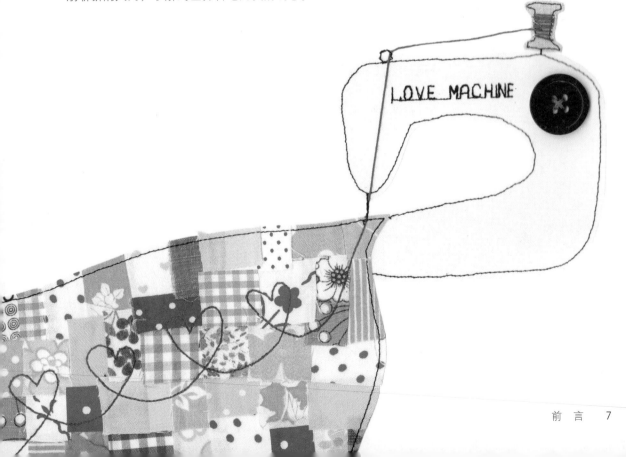

开始行动吧

获得灵感

人们常常问我，你的灵感是从哪里来的呢？答案很简单，它们就这样涌入我的脑海中。当然，灵感的萌发还需要先播种才行。互联网就是一片很好的土壤，我经常会先上网找找灵感。网上不仅有很多关于手工和设计的博客，还有许多图片分享的网站，例如 Flickr（flickr.com）。有的网站还售卖自制的手工商品，Etsy(etsy.com) 就是这样的网站。有了这些网站，哪怕足不出户，也能找到源源不断的灵感，这些灵感够你用一辈子了呢！除此之外，最难的部分在于，关掉电脑后的你该怎样迈出手工之路的第一步？

如果想找灵感，也可以去图书馆看看。图书馆是另一个很好的灵感来源。我们全家都很喜欢泡图书馆。在图书馆里，可以完全沉浸在书本和杂志的海洋中，这不仅能让你在休息的同时获得一些新的讯息，还能安安静静地享受只属于你一个人的时光。我最喜欢做的事就是手捧一杯香茶，一边看杂志一边舒服地靠在一堆抱枕中间。

儿童读物里有很多插图，这也是寻求灵感好地方。当我在创作时，这些有趣的插图就会映入眼帘，让作品变得更有趣味性。这样一来，在读书给孩子们听的同时，还能汲取到新的创作养分，这使我感到非常满足。

我为什么会开始创作布艺手工呢？大概是源于我对传统艺术和传统编织的热爱吧。也正是这份热爱，让我在上大学时学习了民族学和民俗。传统的纺织品往往能够带给我更多灵感。一块印着漂亮手绣字母的旧茶巾，因为太破旧而失去了原来的功用，但它作为编织艺术品的基本功能却没有因此打折扣。传统的纺织品图样简单，甚至会略显幼稚，但这类作品却凝结了人们无穷的智慧。希望我的作品也能如此。

在成长的过程中，我有幸接触到了芬兰许多纺织品公司色彩斑斓的产品，它们的风格可爱而不拘小节。这些公司包括马里梅科

这只小鸟是用一块旧桌布做的，旧桌布在小鸟身上获得了新生

（Marimekko）、南索（Nanso），以及芬雷森（Finlayson）等等，它们都为我带来了许多创作灵感。

你永远不会知道灵感会在何时找上门来，所以随身带一个本子和一支笔吧，以便能随时记录下自己偶尔迸发出来的灵感。我也很希望能做到这一点。因为在现实生活中，我常常不得不在超市的收银条上记下突然冒出来的灵感。当然，只要是能记录下那些灵感的纸，都是可以的。

要记得随身携带笔和本子哦

保持工作地点的干净整洁

给大家提个小小的建议：在开始做手工之前，保持工作地点的干净和整洁。这个建议听起来容易，做起来难。若能够保持桌面整洁，并按照颜色种类摆好布，再把其他工具都有序地归置在小盒子或小罐子里，就会发现这样的习惯让你更加有创作灵感。你可以在旧货店或者跳蚤市场买到这些漂亮的收纳罐。假如工作间面积有限，那么请不要摆放任何用不到的东西，包括布和工具。把它们放在一边吧，只有这样才能为你真正需要的东西腾出地方来。

工作间的一角

图：卡吉沙·威克曼

选择合适的布

其实，我在买布的时候比较随心所欲。因为我充分相信自己的眼光。假如喜欢的布价钱合适，就会毫不犹豫地买下来，以后总有用得到它的地方。所以，在买布的时候应该充分相信自己的直觉。

在设计小被子或是贴布作品时，请对原材料一视同仁。不需要关心这块布是谁设计的，或是它是否符合现在的潮流。请把注意力放在布的颜色、图案以及你的设计上。一般来说，图案较小的布要比大图案的用途广。在画图样的时候更是如此，因为通常你只需要用到整块布中的一小部分。如果你希望大家把注意力放在贴布的设计上而非布本身，那就更需要用图案较小的布。

也许你在买布时，总是倾向于印着自己喜爱图案的布，其实你同样需要素色的布。在做小被子或是抱枕的时候，因为有了这些素色布的烘托，你喜欢的图案才会变得更加突出。

假如选择了白色、米白或黑色作为背景，可以在细节上运用许多其他的图案和颜色，这样搭配才不会使作品杂乱无章。有些布有着天然的纹路，比如说亚麻布和原色棉布，这些材料都会使作品的背景变得更加有趣，但又不会抢了贴布的风头。你还可以好好编织背景来突出主题。

设计贴布

第一次设计贴布时，我不停地翻书或者上网来找合适的图样。可怎么都找不到想要的，于是我决定动手来画贴布图样。我画画的水平非常一般，甚至看起来有些幼稚。但是当我一针一线将贴布做出来的时候，效果却出奇的好。

尝试自己做贴布图样吧！可以先从较小的图样画起，让自己练练手。假如你实在不会画，那么就请朋友或是孩子们代劳。一般来说，小孩子画的东西都比较简单，这正好是我们需要的。在我的许多作品中都能看到小鸟的图案，这是在我女儿艾尔莎四岁的时候我跟她一起画的。当时，我们俩在看一本很漂亮的图画书，书里有一页上印着一群小鸟。受这幅画的启发，我画了一些简单的小鸟形状，然后用水彩给它们上色。画完以后，我稍微走开了一会儿准备洗衣服。回来的时候发现艾尔莎给那些小鸟画上了的嘴和爪子，它们看起来逗极了！

我跟女儿一起画的小鸟

若你没有足够的时间去完成这些手工活儿，可以让孩子们帮忙。小孩子们特别喜欢摆弄那些花花绿绿的线和纽扣。在做本书第102页的作品时，我七岁的女儿想要来帮忙。我的第一反应是不行，但还是让她帮我剪了些叶子。用她的话来说，这些叶子和真实的叶子长得不一样。当我们终于把叶子都剪好的时候，她数了一下，52片。好样的，你做得真棒！

注重细节

最后，给作品加上商标或标签，这样看起来就会更像样了。并不需要特意为此制作多么华丽的标签，比如说我就很喜欢在收边的时候加上漂亮的丝带或是边饰，使作品看起来更精细；在制作礼物时，还可以给作品缝上赠予对方的便条等。

丝带和边饰可以让你的手工作品增色不少

需要准备的物品

工具

完成这本书里的手工作品，你需要一些基本工具。下列工具就是我在做手工时常常会用到的：

■ 缝纫线、剪刀、卷尺。

■ 针，以及一个可爱的针垫。（参照本书第 27 页，自己动手做一个吧！）

■ 一台缝纫机。有了它，就可以轻松地缝出直线和之字形的线条了。但是当你想要做拼布或是用自由针脚缝制的时候，就必须放弃使用缝纫机，改为手工缝制了。

■ 缝贴布的时候，需要一个绣花绷。既可以选择中空的绣花绷，也可以选择那种开口比较大的。拼布时，同样需要一个拼布绷或者绣花绷。

■ 轮刀、垫板、亚克力尺。

■ 熨斗和烫衣板。（想要做一件完美无瑕的贴布作品，熨斗是必不可少的。）

■ 安全别针或者布用快速黏合喷雾。现在我已经爱上这种喷雾了，在做拼布和贴布作品时完全离不开它。布用快速黏合喷雾能使布块暂时黏合起来，这样在缝制婴儿被的过程中就完全不需要用别针了。这实在是太棒了！

■ 一盒可修改的画粉或画粉笔。需要时可用它在布面上画出刺绣或是绗缝的路径。

■ 放缝纫机的桌子。（这在做绗缝作品的过程中极为重要。）

布

在缝纫用品商店里基本上可以找到所有制作书中作品所需的布。但我个人推荐你试试使用其他的布。我最喜欢在二手商店里寻找想要的布。怀旧或者复古风格的布能使作品增色不少。这样一来你的作品必将是独一无二的。但还需要注意，所选的怀旧风格布必须是百分百纯棉质地，或者是其他纯天然材质的。因为只有天然质地的布纹路才能持久，这样做出来的作品才可以洗涤，你甚至可以在这些布上印上喜欢的图案呢。使用之前要先过一遍热水（无论是新布还是旧的都应如此），然后把布料挂在室外自然晾干。接下来你就可以使用它们了。

选用复古布的三个理由：

有传统特色

环保

独一无二

亚麻布：回顾过去

　　在以前的北欧，棉布还没有大规模机械化生产，亚麻布就是那时人们在服装和家居用品上的首选布。每当我用亚麻布做手工作品时，就感到自己与这段历史紧密相连，我非常喜欢这种感觉。但亚麻布的功能远不止如此。出于生态方面的考虑，亚麻布也是很好的原料。它是北欧当地生产的一种原料，表面触感好，而且有着天然的花纹和光泽。我太喜欢这种天然的纹理了！但是，假如找不到质地上乘的亚麻布，或是无法忍受亚麻布的天然纹理，也可以选取染了色的纯棉布。还有另一种天然环保的面料，那就是竹纤维。在第102页中，我缝制的树就用了棉布和竹纤维这两种材料。

线

　　做一般的缝纫活儿时，我通常用高品质的棉线或涤纶线。而在缝自由针脚或做拼布的时候，我会选比较粗的缝纫线或机缝线，如30号的机缝线。在普通的缝纫机上使用这类线都是没有问题的。

　　涤纶线自身有弹性，所以使用起来非常方便。如果想做出更自然更传统的手工作品，可以使用棉线，而且棉线的色彩也更丰富。只需要根据自己的作品来选择最适合的线。

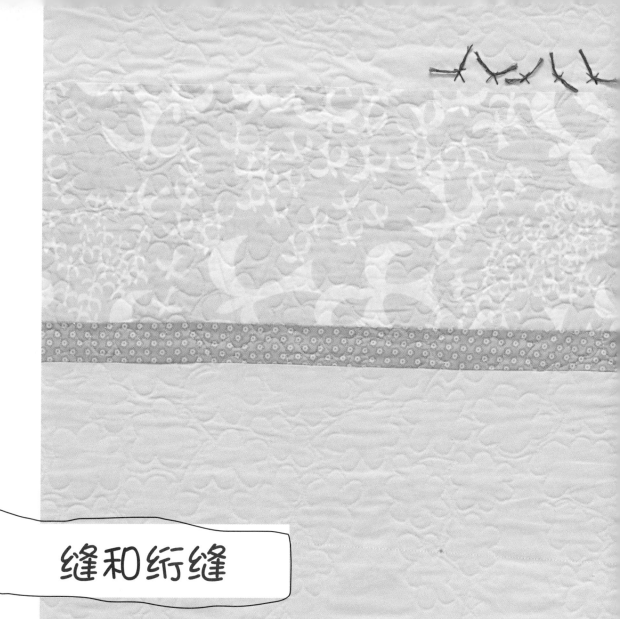

缝和绗缝

贴布

　　设计贴布图样听起来很复杂，但是别担心，我将会教你一种制作贴布的简单方法。只要使用贴布用热接着双面粘衬（也叫奇异衬），就可以轻而易举地做贴布了。

材料

贴布用热接着双面粘衬（也叫奇异衬，任何品牌的都可以）

铅笔

剪刀

缝纫线

机缝线（30号）

布

制作方法

　　首先，选取书中任意一种贴布图样。可以先从简单的开始，一旦掌握了基本方法，就可以把所有你想画的图样做成贴布了。在使用奇异衬时，需要将贴布图样反描在奇异衬的纸面上。本书中的所有作品我都会画出图样。反描图样时，我常常利用窗户，这不仅比使用专门的工具要便宜，而且还相当便利。

1. 用铅笔在奇异衬的纸面上反描图样形状。

2. 把图样粗略地剪下来，最好留出大约 6mm 宽的缝份。把图样**纸面朝上**，黏合面朝下，放在**所需布的反面**，然后用熨斗把它们熨在一起。

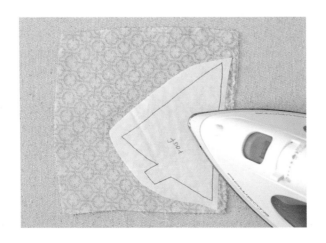

3. 沿着刚才所画边界把图样剪下来。记得在剪贴布时，在图样与布重叠之外的地方留出大约 6mm 宽的缝份（本书中的所有图样已经预留好了缝份）。

4. 揭下纸面，把剪好的贴布放在准备好的背景布上。那些已经预留了缝份的图样应该放在底层。拼好贴布作品之后，用力将其压紧。

缝贴布

    我在缝贴布时一般都用黑色的机缝线和短而直的针脚。因为我很喜欢将漫画里的黑色边框用在贴布上。只要不紧挨着图样边缘缝线，哪怕用洗衣机洗贴布也无大碍。机洗会使贴布的边变成毛边。假如你不喜欢毛边效果，最好还是用手来洗。对于宝宝的床单以及其他需要常用机洗的作品而言，我的建议是给贴布图样锁两次边。这不仅会让图案更清晰，而且经久耐用。使用之字形的针脚也可以避免出现毛边。但这样的缝纫方法会使贴布图案最终的效果与直线缝纫的完全不同。当用之字形针脚缝纫时，我一般会用比常用的机缝线略粗一点的线，这样会让贴布更好看。当然线也不能太粗，否则在缝纫机上就用不了。

5. 给缝纫机穿好线（棉线或尼龙线均可）。从位于最底层的图样开始，用短而直的针脚把贴布一个个小心缝好。

6. 从图样的反面熨平。

自由针脚

"自由针脚"是指在布的表面自由缝纫。而"自由绗缝"则是指穿透布和铺棉自由刺绣缝纫。

缝纫机一般都有一个圆形开口的织补压脚，这种压脚用于自由针脚缝纫是再适合不过的了。有些缝纫机还专门配备了用于自由针脚缝纫的压脚。最好能把缝纫机放进缝纫桌里，这样一来，工作区域就大大拓宽了，用自由针脚缝纫时也就更方便。因为在缝的时候，保持布的平整非常重要。

在开始缝纫之前，要先把送布牙放下来（如果你不知道怎么做，请参考缝纫机的说明书）。

现在，可以用双手自由地移动布了。必须保持布的平整，再用均匀的速度缝纫。此时，双手取代了缝纫机的送布牙，因此必须得把布拉到想要的方向去。刚开始，你需要尝试用不同的速度缝纫，建议采取先慢后快的速度，这样更有利于找出最适合的速度。如果觉得缝出来的效果不好，那就把压脚稍微放松一点，或是调整一下缝纫机的松紧度。当然，针的锋利程度也非常关键。刚开始练习自由针脚的时候，可以选择厚实一点的布。因为厚实的布容易保持平整，不容易产生褶皱。

自由针脚能给人手工制作的亲切感，是我们常常要用到的一种针脚。就我个人而言，当要用自由针脚缝文字时，我会先用可修改的画粉笔在布上把字写好。接下来，就要开始缝了。我并不会严格按照刚才写的笔迹去缝，只要大体方向一致就好了。当你开始尝试自由针脚缝纫的时候，不要因为没能按照预先写的笔迹去缝，就气急败坏地把缝好的部分都拆掉，因为在大多数时候，一点点的偏差对作品的整体影响是微乎其微的。

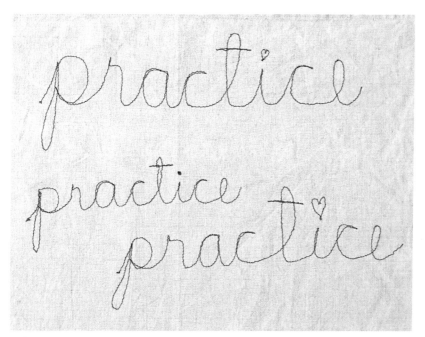

自由针脚的秘诀是：练习，练习，再练习

绗 缝

绗缝作品由三个部分组成：表布、铺棉以及里布。在本书的 21 个手工作品中，只有一个作品（见第 32 页的**雪景婴儿被**）的表布要运用传统的刺绣或拼布技巧，其他作品大多数用贴布做表布。在绗缝大块的作品时，我基本上选用低密度铺棉。但你不必拘泥于此，手头上有什么样的铺棉，就用什么样的，不用专门购买。纯棉铺棉的好处在于它的材质天然且具有传统风格。

第 32 页的雪景婴儿被
即兴制作的里布

绗缝里布

本书没有告诉大家应该怎样选里布。我常常用手头的边角料来做里布，这样做出来的里布很随意，有时候还能产生意想不到的效果。你可以在里布上充分发挥自己的创意，还能尝试一下新布的拼色组合。制作绗缝作品时要注意，铺棉和里布都要比表布稍微大一点（每条边都要长 2cm–5cm ）。

绗缝三明治

裁好布之后，就要把"绗缝三明治"叠好并疏缝起来。也就是把表布、铺棉、里布按照从上到下的顺序叠好，再疏缝起来。这一步，需要用到大头针、安全别针或是布用快速黏合喷雾。

我用的是布用快速黏合喷雾，具体做法会在下一页中讲解。一般我会根据作品的大小，选择在餐桌或地板上工作。为了避免喷雾弄脏地板或餐桌，可以先在上面铺一层东西。

1. 把铺棉放在工作台上，再把里布正面朝上放在铺棉上面，压平整，使得两层之间没有褶皱。

2. 把里布往后翻折一半，沿着折痕，用布用快速黏合喷雾喷宽约 40cm 的区域。

3. 接下来，把刚才往后翻折的布归回原位。注意要从中间开始往四周延伸，边放边压平，一直延伸到布的边缘。这样，一半的里布和铺棉就粘在了一起，里布的另一半也重复同样的步骤。

4. 把步骤 3 中的成品翻过来，表布正面朝上放在铺棉的上面，再把它们压平整，使得两层之间没有褶皱。

5. 重复步骤 1 到步骤 4。注意，要从中间向四周延伸。这样，"绗缝三明治"就大功告成了。

如果在做以上步骤时能用布用快速黏合喷雾把它们粘平整，就不需要用到别针了。我在制作小块的绗缝作品时，压根不需要用任何别针。但我还得提醒你，布用快速黏合喷雾并不能永久地黏合布面，因此在制作绗缝三明治的时候，还必须保证有足够的时间让自己完成接下来的绗缝步骤。

假如要用别针来制作绗缝三明治，那么就得先把材料按照里布、铺棉、表布的顺序叠好，然后从中间往四周把"三明治"的各层压平，再用别针别起来。

把"三明治"的各层叠整齐

自由绗缝

自由绗缝，顾名思义，就是让你随心所欲地尝试绗缝。你既可以选取一个图样坚持不懈地缝下去（如第 32 页的**雪景婴儿被**），也可以缝出各种不相干的图样。当你想要尝试第二种的绗缝方法时，需要记得在每个图样的开始和结束的时候多缝几针来加固。当完成一个图样并打算开始下一个时，必须在两个图案之间留出一条松松的线。完成整个作品后就可以把这些线剪断了。在缝制本书第 88 页中的小鱼时，我就采用了这种方法。用自由绗缝的方式完成整个作品的手法叫作点刻，本书第 40 页中的那个布篮就是用这样的方法完成的。

自由针脚和绗缝并没有什么秘诀可言，我能给你唯一的建议就是练习，练习，再练习。建议先从本书第 27 页中的针插制作开始练习。

镶 边

制作绗缝作品的最后一步就是镶边。在做绗缝作品的收尾工作时，要记得修剪铺棉和里布多余的边角，使它们和表布的大小完全一致。

我常用单次对折斜角的手法来镶边。在裁镶边的布时，我喜欢横着裁，因为这样比较省布。你也可以按照自己的喜好斜着裁，这样裁出来的布条延展性比较好。书中的所有作品，都用 2.5cm 宽的布条镶边，并且留出了 6mm 的缝份。最后，再手工镶边。

镶边布条的总长度应该等于作品的四条边长度之和加上 25cm（这额外的长度是留作转角位置的）。你也可以按实际情况的需要把布条缝在一起，拼成一个长布条。如图，把两条布条正面相对，拼成一个直角。按照下图所示的方法缝一条斜线，剪掉多余的缝份后再熨开缝线。

1. 如图，将布条沿着长边的方向对折，布条的短边稍微往里翻折一点。把布条的毛边和作品的毛边对齐，从布条其中一边的中间开始向边缘缝合，一直缝到距离转角处 6mm 的地方停下来。

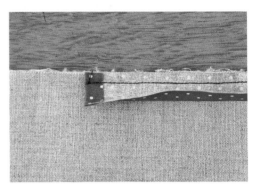

2. 把作品从缝纫机上拿下来。如图，将镶边的布条先向上折成直角，再垂直地折下来。此时，布条的边应该与作品的边缘重合。然后，在距离转角处 6mm 的地方开始继续缝边。

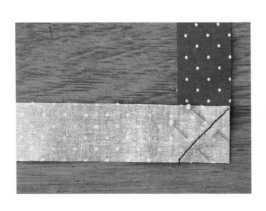

3. 重复步骤 1-2，缝好剩下的边和角。

4. 完成以上步骤后，把镶边的布条翻折到作品背面。压平，将缝份往里翻折，沿着作品的边缘用别针别好。将转角处做成斜角的样式。我通常都是边缝边用别针别上，缝到转角处时，就做一个斜角。一般我会手工把镶边布条缝到里布上，因为缝纫机很难将边缘缝匀整。但你还是可以尝试用缝纫机缝。

手工刺绣针法

　　我一般用缝纫机完成作品，但是有些时候，还不得不用手缝。手工刺绣时，需要用到绣花绷和缝纫针。在缝小精灵和小天使的眼睛和嘴巴时，我会有意识地把结点藏在它们中间。你也可以在作品的背面缝几针加固。有些时候，与其隐藏这些结点，还不如大大方方地把它们露出来。在制作**雪景婴儿被**的里布时，我就是这样做的（见第 22 页）。

　　右图中所展示的就是书中可能用到的手工刺绣针法。

平针针法

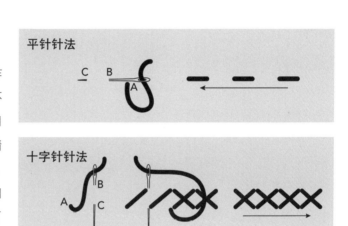

十字针针法

回针针法

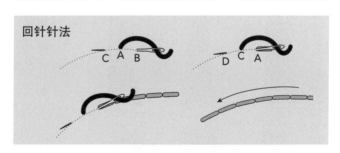

法兰西结

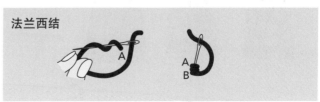

我就是不知道该怎么做！

刚开始接触缝纫和手作时，必然会经历万分沮丧的时刻。有时候，你会很想把所有的作品通通拆掉。要知道，拆掉重做是你在学习缝纫的过程中必然会经历的。以下是你有可能遇到的典型问题及其解决方法。

问题： 这个图样我怎么做都做不出来。

解决办法： 先休息一下。把这个作品放到一边，去做别的事儿。等休息够了再回来继续做。

问题： 我总是被同一块石头绊倒，永远在相同的地方犯错。

解决办法： 当我感到很累的时候，也会这样。建议先好好睡一觉，如果觉得这还不管用的话，就先把这个作品放在一边，晚一些再继续做。

问题： 我决定不了要选什么布来配色。

解决办法： 假如你有"灵感黑板"的话，可以先把想选择的布通通挂上去。如果没有，就把布放在桌面上，后退几步，站远一点看看它们。有没有哪块布看起来太扎眼呢？有没有哪块布看起来太不搭调呢？重复上面的步骤，不断更换你想用的布，直到觉得满意为止。那些第一眼看起来不适合的布也得多试几次。假如还是决定不了，那么就先放一放。等第二天起床以后再看，我相信到那时你就能做出决定了。

问题： 一切都是一团糟！我要把这个家伙扔掉！

解决办法： 别着急。先把它放在一边，你一定能找到补救的办法。要知道，我的许多绝妙的主意都是在犯错误的过程中歪打正着想出来的。

问题： 我的绗缝作品简直是惨不忍睹啊！

解决办法： 试着调整一下缝纫机压脚的松紧度。要不然，试着换一根新的、锋利点儿的针吧。在缝自由针脚时，锋利的刺绣针是必备的。

绝大多数的问题，只要你换个角度思考，都会迎刃而解的。

给我缝个针垫吧

刚开始做缝纫的时候，不妨拿这个针垫来练练手。建议多裁几种布，练习一下拼布的基本功。如果你手头还有很多布，就不妨多做几个针垫，或是用多余的布来练习做被子的技巧。练习的时候，要尽可能地多绣一些字。

成品尺寸：12.7cm×7.6cm

材料

布

10.2cm×12.7cm 原色亚麻布或者棉布

边长为 15cm 的正方形印花布，作为针垫的里布

3 种印花布碎布，用来制作小补丁的效果

其他的工具与材料

黑色机缝线（30 号）

填充物

可修改的画粉或画粉笔

7.6cm 长的丝带

小贴士

假如你更喜欢用顶针而不喜欢用针垫的话，可以把垫子做得小一点。然后，在垫子的短边上加一个指环或麻绳，就变成顶针了。

剪裁

亚麻布：裁 1 块 8.9cm×11.4cm 的布，用来制作针垫的表布

印花布：裁 1 块 8.9cm×14cm 的布，用来制作针垫的里布

印花碎布：裁 3 块边长为 3.8cm 的正方形布

制作步骤

注意： 除非特别注明，否则本书中的所有作品都要留出 6mm 的缝份。

1. 将缝纫机设定成自由针脚模式，放下送布牙，安上缝纫压脚，穿上黑色的线。

2. 用画粉或画粉笔将文字写到亚麻布上。建议你先多练习几次，找到自己的书写风格后再写。

3. 开始缝纫时，要注意用手按着布，尽量保持布的平整，并且不断地把布往前推。中途停下来深呼吸，然后再继续。

4. 参照本书中的成品图，把 3 个小正方形布块缝在一起，熨平。再缝到亚麻布上，熨平。

5. 把步骤 4 中的成品和里布正面相对，叠放在一起。将丝带对折，把折好的开口插进两块布中的一条短边里。然后，沿着布的四周缝一圈，记得留出一个开口不要缝。

6. 把刚刚缝好的成品翻到正面，往里面塞尽可能多的填充物。必须塞得非常严实，你也不想在用这个针垫的时候，针会把它刺穿吧。

7. 手工缝合刚才留出的开口。

快用这个针垫做新的手工活儿吧！

小贴士

如果想多练习自由针脚的话，建议你多裁几块亚麻布。但是，如果你觉得用大块的布更方便的话，可以先用笔在亚麻布上做记号，等绣完字以后，再把布裁出来。

冬 天

雪景婴儿被

寒冬腊月，到处是一片银装素裹的景象。一天，我坐在书桌前眺望远方，被眼前的美景惊呆了。多么奇妙的色彩搭配啊！在这雾蒙蒙的天气中，耸入天际的云杉把自己的影子映在白雪上，使雪地呈现出淡淡的蓝色。这大自然的美，是我无论如何都创作不出来的。于是，一个新的作品诞生了！当然，上面那只橘色的小狐狸是我自己的想象啦！

尽管做这个婴儿被要用到很多不同的布，但其实这些布都很容易找到。

成品尺寸：
91.4cm×108cm

材料

布

注意： 本书中的大块布所指尺寸约为 46cm×56cm。

A： 35cm 或 1 大块蓝莓色布

B： 35cm 或 1 大块云蓝色布

C： 35cm 浅蓝色布

D： 25cm 或 1 大块冰蓝色布

E： 10cm×10cm 蓝底黑花布

F： 25cm 或 1 大块浅蓝色圆点布

G： 50cm 天蓝色布

H： 25cm 或 1 大块蓝白相间布

I： 30cm 白色布

4 块尺寸为 15cm×20cm 深绿色布，用来制作云杉的树冠贴布

深咖啡色布条若干，用来制作树干贴布

黑色布条若干，用来制作小鸟贴布

15cm×25cm 橘红色布，用来制作狐狸贴布

米白色法兰绒布条若干，用来制作狐狸的尾巴和围裙贴布

1.4m 长的里布

25cm 长的镶边布

其他工具与材料

1.4m 长的低密度纯棉铺棉

50cm 长的奇异衬

黑色机缝线（30 号）

米白色机缝线（30 号）

一捆刺绣用的粗丝线

布用快速黏合喷雾或缝纫用别针

剪裁

把所有的图样都标上号，以便组合使用（详见第 35 页的组合图表）。

蓝莓色布：

A1：16.5cm×19cm

A11：12.7cm×32.4cm

A15：15.2cm×39.4cm

云蓝色布：

B2：16.5cm×21.6cm

B14：16.5cm×47cm

浅蓝色布：

C3：16.5cm×38.1cm

C13：16.5cm×30.5cm

C19：8.9cm×91.4cm

冰蓝色布：

D4：16.5cm×16.5cm

D5：6.4cm×24.1cm

D16：15.2cm×20.3cm

蓝底黑花布：

E6：6.4cm×7.6cm

浅蓝色圆点布：

F7：6.4cm×53.3cm

F12：16.5cm×16.5cm

天蓝色布：

G8：6.4cm×10.2cm

G9：12.7cm×41.9cm

G18：16.5cm×91.4cm

蓝白相间布：

H10：12.7cm×17.8cm

H17：15.2cm×34.3cm

白色布：

I20：24.1cm×91.4cm

镶边布：

裁 5 条宽 2.5cm，长约 102cm 的布条

制作步骤

注意： 除非特别注明，否则本书中的所有作品都要留出 6mm 的缝份。另外，在缝纫过程中，请把所有的缝份按同一方向熨开。

1. 把以下布按照下图所示的方式缝在一起：A1+B2+C3+D4，D5+E6+F7+G8，G9+H10+A11，F12+C13+B14，A15+D16+H17。把 G18 和 C19 沿着长边缝起来。最后再熨开所有缝线。

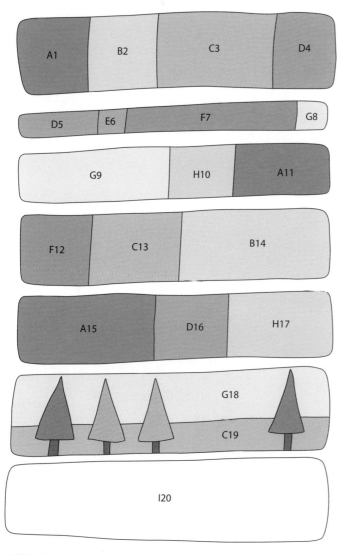

布的组合图

2. 按照本书第 17–20 页所教的方法裁好贴布图样。接下来，把图样（见第 38–39 页）描到奇异衬纸面上，再熨到布的背面，然后按照图样形状裁布。下一步，揭下纸面，参照第 35 页的图，把树贴布粘到 G18+G19 的布条上。

3. 沿着水平线缝合布条，再压平。

4. 参照成品图，把小鸟图样贴到作品的顶部。接下来，用黑色的缝纫线和平针针法，沿着小鸟贴布的四周缝好。然后，按照第 39 页的图，用平针针法缝好小鸟的嘴。

5. 把狐狸贴布粘在已经缝好的白色雪景布上。沿着狐狸的四周缝一圈。接下来，按照下图，用自由针脚缝好狐狸的嘴和蝴蝶结；你也可以用 2 股黑色缝纫线和回针针法手缝。最后，用 6 股黑线，打法兰西结（见第 25 页），来缝狐狸的眼睛。

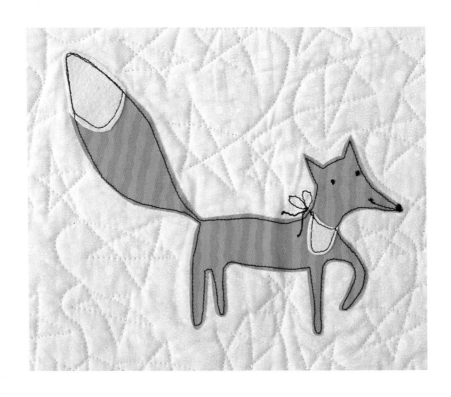

6. 将需要绗缝的各层次——叠好，并疏缝起来（见第 22–23 页）。

7. 穿上米白色线，将缝纫机设置成自由绗缝的模式。把下图中云朵的图样缝到天空的布片上。缝的时候注意，要穿过所有层次，按照从中间到边缘的顺序缝。缝好云朵后，把星星形状的图样缝到云朵下方（见第 39 页）。

8. 将 2.5cm 宽的镶边布条连在一起，拼成一条长布条（见第 24 页）。把拼好的布条反面相对，长边对折，压平。最后，按照书中第 24–25 页所教的方法完成镶边。雪景婴儿被就大功告成了。

小提示

　你是不是在为找不到制作蓝天所需的布而烦恼呢？快去你的衣柜找找吧！很多男士衬衫都是用高质量的蓝色纯棉布制成的，用它们来制作这个作品是再适合不过的。

注意

　除非有特别说明，否则本作品中的所有贴布只需要制作一个图样就好。另外，所有图样都要描到奇异衬上去。

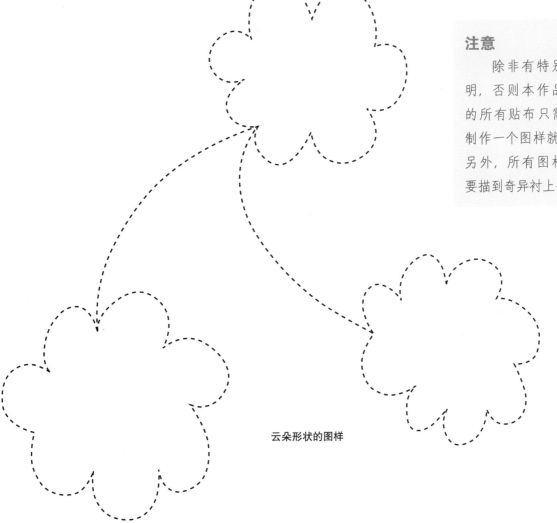

云朵形状的图样

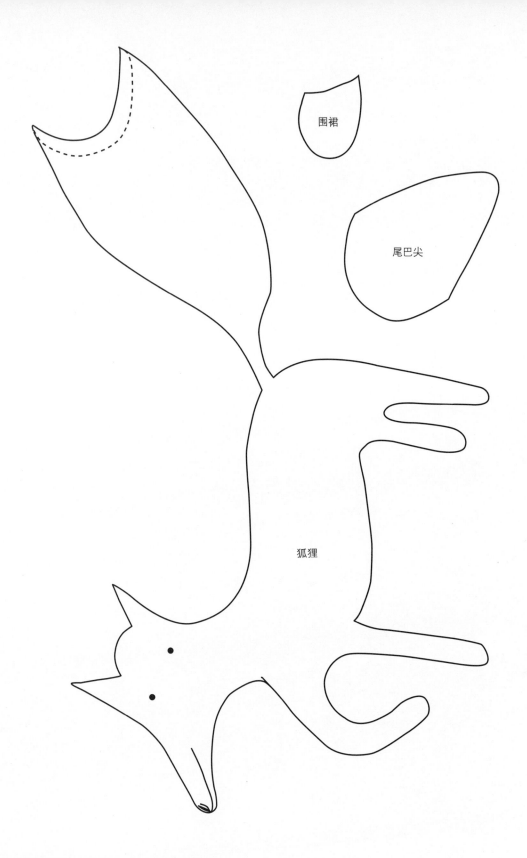

围裙

尾巴尖

狐狸

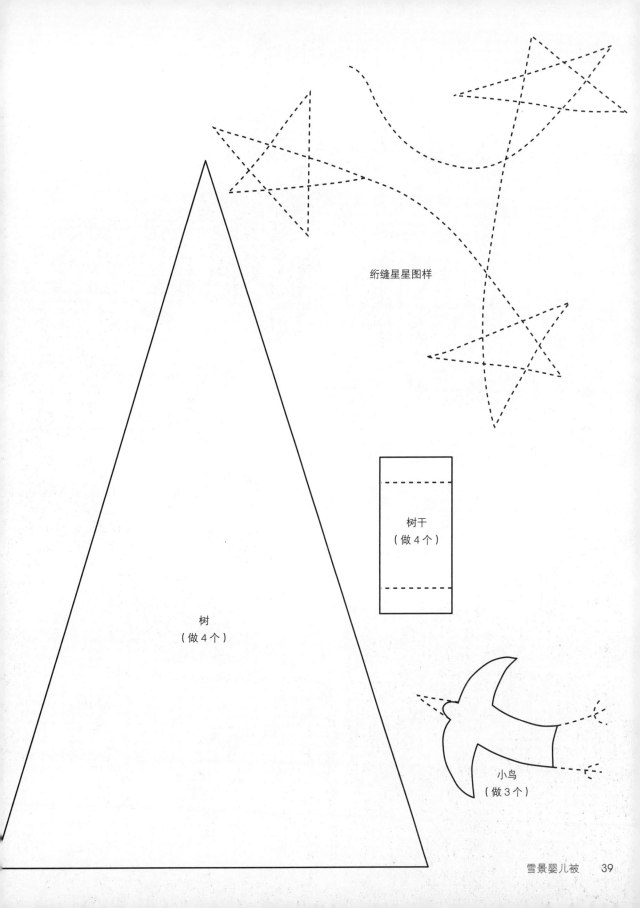

绗缝星星图样

树干
（做4个）

树
（做4个）

小鸟
（做3个）

绗缝储物篮

袜子、帽子、围巾和手套被扔得到处都是。我家的玄关急需整理——一个能装下所有杂物的储物篮正是我需要的。

这个储物篮是由 5 个相同尺寸的正方形布块组成的，这样便于调整篮子的尺寸。我所用的大块布尺寸是根据我的需求来定的。

用绗缝的缝纫方式做出来的储物篮会非常牢固。你还需要用到一根细铁丝，将它包入篮子的上边缘，以固定篮子的开口。

成品尺寸:

37cm×37cm×34cm

材料

注意: 本书中的大块布所指的尺寸约为 46cm×56cm。

布

篮子的材料:

45cm 或 1 大块浅蓝色圆点布，用来制作篮子的一个侧面

92cm 或 3 大块不同种类的浅蓝色布，用来制作篮子的其他几个侧面

45cm 或 1 大块浅蓝色布，用来制作篮子的底面

45cm 或 5 大块不同种类的红底白花布，用来制作内衬

25cm 红色圆点布，用于镶边

贴布的材料:

25cm 或 1 大块红白圆点布，用来制作袜子贴布

红白格子布条若干，用来制作袜子、手套贴布的边缘以及帽子贴布的带子

红白相间布条若干，用来制作手套贴布

白色布条若干，用于制作帽子贴布

其他工具与材料：

122cm 长、114cm 宽的聚酯纤维铺棉

0.5m 奇异衬

2m 长的斜纹带，用来遮盖篮子内侧的缝份（我使用的是用红色印花布自制的斜纹带）

黑色机缝线（30 号）

米白色机缝线

一捆红色缝纫线，用来绣帽子上的心形图案

布用快速黏合喷雾或缝纫用的别针

小花朵或小毛球 1 个，用来装饰帽子

1.6m 铁丝，用来环绕篮子的顶部

剪裁

蓝色布：

　　裁 5 块边长为 38cm 的正方形

红白相间布：

　　裁 5 块边长为 40.6cm 的正方形

红色圆点布：

　　裁 4 条宽为 2.5cm、长约为 102cm 的布条，用来制作篮子的顶部和底部

铺棉：

　　裁 5 块边长为 40.6cm 的正方形

制作步骤

注意： 除非特别注明，否则本书中的所有作品都要留出 6mm 的缝份。

1. 按照本书第 17–21 页所教的方法制作贴布图样。接下来，把裁好的图样（见第 45–47 页）描到奇异衬纸面上，并熨到布的背面，然后按照图样的形状裁布。下一步，揭下纸面，将贴布粘在蓝色布块上。贴的时候要注意，篮子的上边缘必须留出 4cm 的位置以供翻折，并在图案下面留出绣文字的位置。

2. 用可修改的画粉或画粉笔，把书中第 45–47 页的文字写到图案的下方。

3. 把由"十字"组成的心形图案移到帽子上，再用红色缝纫线把心形（见第 45 页）绣好。

4. 穿上黑色机缝线，用短而直的针脚沿着贴布图样的边缘缝一圈。

5. 设置缝纫机为自由针脚模式（见第 20–21 页），然后绣步骤 2 当中写好的文字。

6. 将需要绗缝的各层次一一叠好，疏缝起来（见第 22–23 页）。在绗缝步骤后组合这 5 个布块。

7. 用米白色的线绗缝各个布块，再按照表布的大小修剪好铺棉和里布，然后在帽子图案的顶端缝一个小毛球。

8. 接下来，把篮子的四面缝在一起。缝的时候将布块正面相对，并用斜纹带把缝份包起来。具体做法如下：首先缝侧面的两块布，把布条先缝到其中一侧，再折过去，包好缝份，并用别针别起来。然后，从另一侧缝布条。接下来，将另一侧的布条缝到刚才缝好的布条上。以此类推，直到缝好四个侧面，并且将四个缝份都用布条包好为止。

用斜纹带包好缝份

9. 将篮子底部的布片和步骤 8 当中的成品反面相对，把底部布片缝在成品一端靠外的位置。缝的时候要注意，每次只缝一面，缝到转角处时，针要处于下方，以篮子为轴，顺势缝到另一面上去。

10. 接下来镶边。把 2.5cm 宽的布条连接起来，缝成一个长布条（见第24 页）。将布条短边对折，正面相对，压平。把刚才做好的布边缝到篮子的顶部和底部，并且缝好收口处的毛边（见第 24-25 页）。

11. 将篮子上边缘的布向下翻折 4cm，把铁丝置于其中，再包好篮子的上边缘。可以把篮口捏成圆的或方的。在篮子的每一面都要手工缝几针，以固定铁丝，这样它不会晃动了。

12. 储物篮大功告成了，快把袜子、手套之类的杂物都放到篮子里吧！

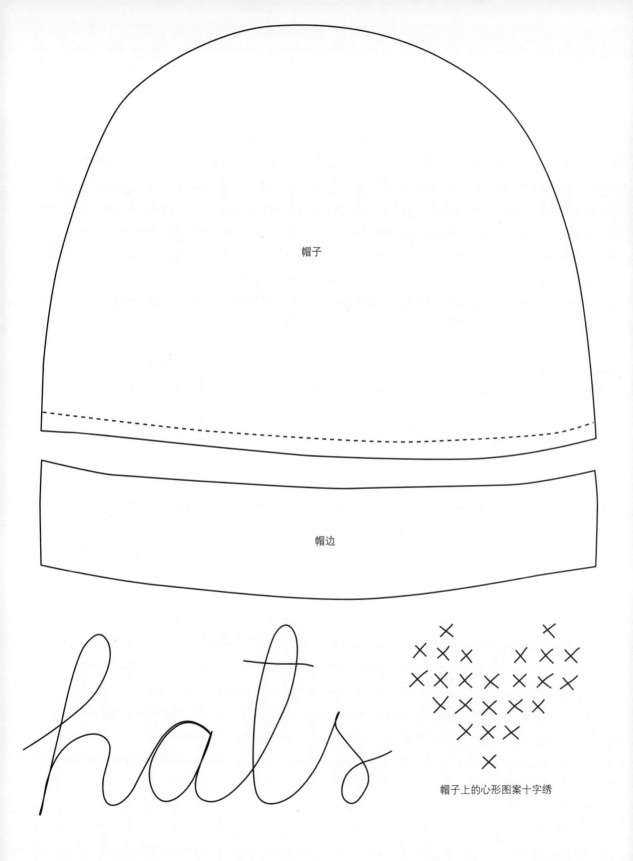

帽子

帽边

hats

帽子上的心形图案十字绣

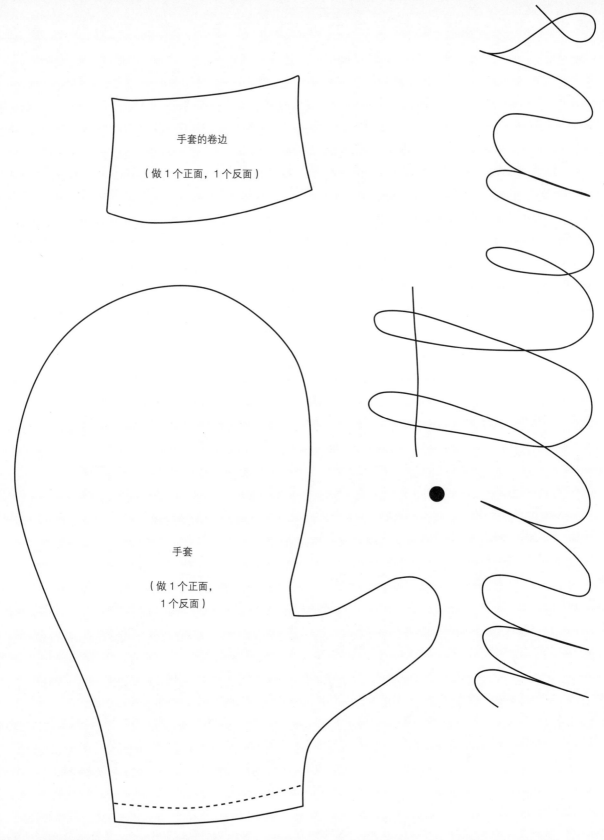

手套的卷边

（做 1 个正面，1 个反面）

手套

（做 1 个正面，
1 个反面）

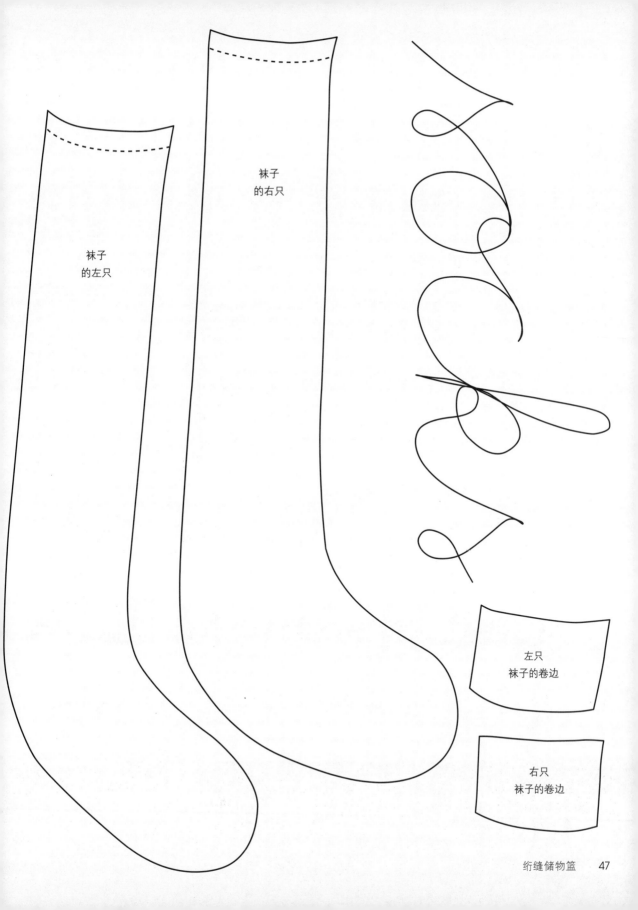

袜子
的右只

袜子
的左只

左只
袜子的卷边

右只
袜子的卷边

"喝杯茶吧" 抱枕

刚才乘雪橇在冰天雪地里徜徉了一番，现在让我们一起喝点儿热乎的饮料，温暖一下早已冻僵了的脚趾头吧！要是能再配上一点儿暖心暖胃的小茶点就更完美了。

可以随意搭配自己喜欢的布来做这款抱枕。变换布的颜色和款式，会让抱枕焕然一新。抱枕上的茶壶，我用了复古风格的桌布做原料，这能使它呈现出一种二十世纪五十年代的风情。也可以用蓝白色的约依印花布，那样抱枕就会有欧式风情了。

成品尺寸：

35.6cm×35.6cm

材料

注意： 本书中大块布的尺寸约为 46cm×56cm。

布：

35cm 或者 1 大块原色亚麻布，用来制作抱枕背景布

35cm 或者 1 大块格子布，用来制作抱枕的背面

35cm 或者 1 大块红白圆点布，用来制作里布、茶杯，还有盘子贴布

25cm 长的红白格子布，用来制作桌布贴布

25cm×25cm 湖蓝色印花布，用来制作茶壶贴布

白色碎布若干，用来制作茶杯里布

其他的工具与材料：

25cm 奇异衬

黑色机缝线（30 号）

纽扣，用来制作茶壶盖

纽扣，用来制作抱枕背后的封口

一捆黑色缝纫线

丝带或蕾丝，用来制作标签

5.6cm×35.6cm 的丝带或蕾丝，用来封边

裁剪

亚麻布：

裁 1 块 24.1cm×36.8cm 布，作为抱枕的背景布

格子布：

裁 1 块 25.4cm×36.8cm 布，用来制作抱枕的背面

红白圆点布：

裁 1 块 25.4cm×36.8cm 布，用来制作抱枕的背面

红白格子布：

裁 1 块 14cm×36.8cm 布，用来制作桌布贴布（你也可以买 50cm 的布，将其斜着裁成指定尺寸）

制作步骤

注意: 除非特别注明,否则本书中的所有作品都要留出 6mm 的缝份。

1. 把亚麻布和格子布正面相对地缝起来,将缝份熨向较深色的布那边。

2. 按照书中第 17-21 页所教的方法制作贴布图样。接下来,把裁好的图样(见第 51 页)描到奇异衬纸面上,并将其熨到布的背面,然后按照图样的形状裁布。

3. 揭下纸面,将贴布粘在缝份所在的布块上。要注意,不要贴得离抱枕边缘太近。再把贴布熨在布上,以固定它们的位置。

4. 给缝纫机穿上黑色机缝线,用短而直的针脚沿图案边缘缝一圈。要注意,先从杯子底下的那片布开始缝。

5. 接下来,拿三股的黑色缝纫线,用走针针法缝出茶杯上飘出的热气(见第 25 页)。然后,在茶壶的顶端缝一个纽扣作为茶壶盖。

6. 下一步,做抱枕的背面。首先,沿着格子布 36.8cm 的边往布的反面翻折 2.5cm,折两次,再压平。然后,在圆点布上重复同样的步骤。最后,沿着刚刚折好部分的边缘缝好。

7. 在折好的格子布边正中间做一个扣眼。

8. 如本书第 48 页所示,把准备好的丝带或蕾丝标签缝到抱枕的左边。

9. 使抱枕的正面朝上。将抱枕背面的两片布反面朝上,叠在正面的布片上。要注意,把有扣眼的那片布放在最靠近表布片的位置上,并且将这些布片的外边缘对齐。接下来,把抱枕的前后布片缝起来,并且在毛边处缝一道锯齿线。

10. 将抱枕套翻到正面,缝上扣子。最后,把抱枕芯塞进去。

11. "喝杯茶吧"抱枕就大功告成了,好好享受美妙的下午茶时光吧!

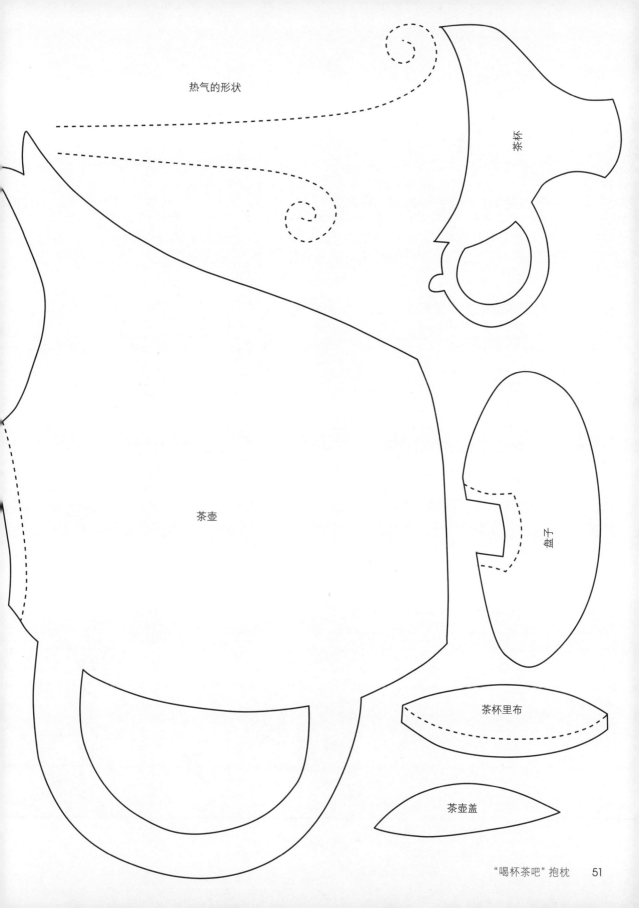

热气的形状

茶杯

茶壶

盘子

茶杯里布

茶壶盖

春 天

复活节的小鸟挂饰

　　现在，我们还没感受到春天的气息，但是冬天到了，春天还会远吗？于是我们开始期盼那一抹新绿：在花盆或漂亮的盘子里铺一层薄薄的泥土，把种子埋起来，希望它们快点发芽；在水中插入枝条，想要看到萌发的绿芽。

　　在制作这款挂饰时，可以选用废旧的刺绣桌布。这些小鸟挂饰并不需要清洗，所以哪怕你觉得这些旧桌布已经脆弱不堪，甚至有点小洞也不要紧，这还能为它们增添几分怀旧的风情呢。

成品尺寸： 从鸟嘴到尾巴约长 13cm

材料

布：

边长为 20cm 的正方形花卉图案布，用来制作小鸟的身体

原色亚麻碎布若干，用来制作小鸟的嘴

8cm×50cm 黄色或柠檬黄厚布，用来制作小鸟的尾巴

其他工具与材料：

原色细麻绳和木头珠子，用来制作小鸟的腿和爪子

珠片和玻璃珠，用来制作小鸟的眼睛

聚酯纤维填充物

锯齿形剪刀

制作步骤

注意： 除非特别注明，否则本书中的所有作品都要留出 6mm 的缝份。

1. 在厚布上裁下尺寸为 2.5cm×46cm 的长条，用来制作小鸟尾巴。为了避免布条缠绕在一起，裁的时候用锯齿形的剪刀。你也可以根据自己的喜好设计，不做小鸟的尾巴也没问题。

2. 用下图图样裁下小鸟的嘴和身体。每个图样裁2个（1个正面，1个反面）。

3. 把刚刚裁好的鸟嘴正面朝上放在小鸟的身体上，用短而直的针脚缝好，并记得留出一边毛边。

4. 接下来做小鸟的腿和爪子。剪出 2 条 8cm 长的细麻绳，在麻绳的一端打一个结，然后在 2 条绳子上各穿一粒木头珠子。把腿缝到下图中所示的位置上去。

5. 把小鸟身体的各部分正面相对，缝到一起，尾巴处留出来不缝。要注意，小鸟的腿必须得在身体里面。修剪好缝份，必要的时候裁一些弧线。修剪完以后，翻到正面。

6. 接下来，填充小鸟。填完以后，开始缝尾巴。先把用来做尾巴的布条折 4 次，然后把它放到步骤 5 当中留出的开口处。先用别针固定位置，再缝合。

7. 下一步做小鸟的眼睛。用珠片垫在底下，中间穿一颗玻璃珠，这样一来，眼睛的位置就固定好了。最后，在下图所示的位置缝一个吊环，小鸟就可以展翅高飞了！

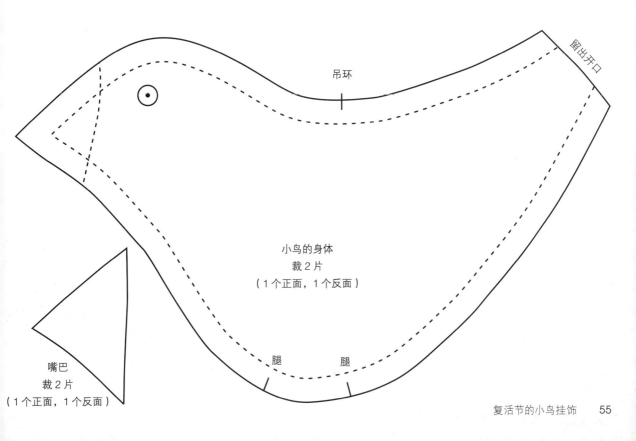

吊环

留出开口

小鸟的身体
裁 2 片
（1 个正面，1 个反面）

腿　腿

嘴巴
裁 2 片
（1 个正面，1 个反面）

绗缝筒形鸟巢

有一天，我突然听见厨房里传来一阵叽叽喳喳的叫声。一番查找后，终于发现了声音的来源：原来，有一窝麻雀在通风管道下面安家了。我们决定让它们继续住下去，过不了多久，等雏鸟的翅膀硬了自然就会想要飞走了。

可以选择在周末来完成这个作品，这会给你带来一个愉快而有意义的周末。用小筒装上美味的小甜点，它就变身为馈赠亲友的佳品了。在做筒形鸟巢以前，要先把布绗缝起来。需要用的布都不大，因此绗缝起来非常简单。如果你是个绗缝新手，选择这个作品练手是再适合不过的了。

成品尺寸：

15.9cm×11.5cm

材料

布：

25cm 亚麻布，用来制作筒形鸟巢

35cm 花卉图案印花布，用来制作内衬和镶边

边长为 10cm 的正方形圆点图案布，用来制作小鸟贴布

其他的工具与材料：

10cm×10cm 奇异衬

35cm 长的聚酯纤维铺棉

白色机缝线

黑色机缝线

布用快速黏合喷雾或缝纫用别针

荧光粉色缝纫线

小玻璃珠，用于制作小鸟的眼睛

剪裁

亚麻布：

裁 1 块直径为 17.1cm 的圆形

裁 1 条尺寸为 12.7cm×55.2cm 的长方形

花卉图案印花布：

裁 2 条宽为 2.5cm，长约为 102cm 的内衬布条，用来镶边

裁 1 块直径为 22.2cm 的圆形，用来制作小筒的底部

裁 1 条尺寸为 17.8cm×58.4cm 的长方形

铺棉：

裁 1 块直径为 22.2cm 的圆形

裁 1 条尺寸为 17.8cm×58.4cm 的长方形

制作步骤

注意： 除非特别注明，否则本书中的所有作品都要留出 6mm 的缝份。

1. 按照本书第 17–20 页所教的方法制作小鸟贴布。接下来，将第 59 页的图样描到奇异衬纸面上，并熨到布的背面上，然后按照图样的形状裁布。下一步，揭下纸面，把小鸟图样贴在亚麻布条上。

2. 接下来，做小筒的底部。叠好由亚麻布、铺棉和内衬组成的绗缝 "三明治"（见第 22–23 页），再用别针别好或拿布用快速黏合喷雾喷一下，使得 "三明治" 能固定。

3. 把缝纫机设置成自由绗缝的模式（见第 23 页），将步骤 2 中的成品从亚麻布那层开始，用白色机缝线绗缝起来。你可以选择用曲折的点刻针脚来缝（在本书第 56 页的图所采用的是点刻效果的绗缝）。缝好之后，按照亚麻布的大小修剪铺棉和内衬。

4. 接下来，做小筒的侧面。把各层次一一叠好，做成 "三明治" 再绗缝好。然后，穿上黑色机缝线，将小鸟贴布缝在叠好的三明治上。缝的时候注意，要穿透各个层次。缝完以后，给小鸟加上嘴、腿。最后让它叼着一根美味的虫子就行了。

5. 下一步，在小筒上做一个鸟巢。将缝纫机设置成自由针脚模式，穿上黑色机缝线。来回缝纫，使得小筒侧面形成一个宽 9cm 的鸟巢。最后，在鸟巢的顶部做 4 个小小的脑袋和鸟嘴。

6. 然后，用白色机缝线把篮子侧面的其他部位缝成点刻的效果。要注意，从小筒的中间开始缝。

7. 现在，该让鸟妈妈飞过来迎接它的鸟宝宝们了。用 3 股荧光粉色缝纫线缝出鸟儿飞翔的轨迹（见第 59 页），再将铺棉和内衬修剪得和篮子的边齐平。

8. 给小鸟安上小小的玻璃珠眼睛。

9. 把准备好的 2.5cm 宽的布条折好并熨好，准备镶边。

10. 下一步，将侧面布块做成筒状。首先，将布的短边相接，正面相对。把侧面的边先用别针别起来再缝好。可以按照本书第 44 页中所教的方法，镶出很漂亮的边。最后，用 2.5cm 宽的布条给篮子的顶部镶边（见第 24–25 页）。

11. 把制作小筒底部的圆形贴布用别针别到步骤 10 中的成品上，从正面开始，将它们缝到一起。不用担心露出缝份会很难看，因为待会儿还要镶边呢。

12. 把镶边用的布缝到小筒底部有亚麻布的那一面。然后，在另一面手缝几针加固一下，这样小筒就大功告成了。

13. 快用美味的小甜点装满你的小筒吧！你也可以把之前所做的复活节小鸟吊饰放进小筒里。

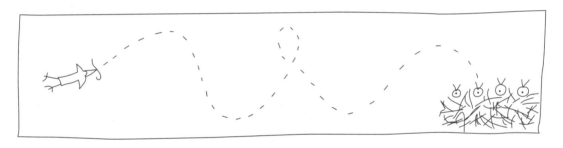

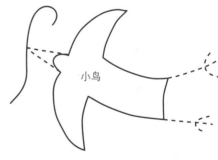

小鸟

绗缝有 13 只小鸟的挂饰

春天来啦！前些日子的湿冷和阴霾被一扫而空，到处都能看到鸟儿叽叽喳喳欢快玩耍的身影。这幅作品的创作灵感来源于前些天我和女儿一起画的水彩画（见第 12 页）。

成品尺寸：
31.7cm×24.1cm

材料

布：

25cm×33cm 白色棉布或亚麻布

36cm×43cm 任意布，用作里布

各种颜色的碎棉布若干，用来制作小鸟贴布

其他的工具与材料：

36cm×43cm 铺棉

25cm×33cm 奇异衬

黑色机缝线（30 号）

白色机缝线

布用快速黏合喷雾或缝纫用别针

5cm 宽的丝带或其他装饰用布（可选用）

用来制作装饰的扣子（可选用）

2 个扣子，用在吊环上

制作步骤

注意： 除非特别注明，否则本书中的所有作品都要留出 6mm 的缝份。

1. 按照本书中第 17—20 页所教的方法制作贴布。接下来，把第 63 页的图样描到奇异衬纸面上，然后将其熨到碎布的背面上，并按照图样的形状裁布。

2. 按照下图中的顺序把小鸟排列好，摆放的时候要注意留出缝份的位置。

3. 下一步，揭下纸面，把小鸟贴布粘在背景布上。

4. 给缝纫机穿上黑色机缝线，用短而直的针脚沿着图案的边缘缝一圈。然后，参照书中第 60 页和第 59 页的图给小鸟缝上嘴和爪子。

5. 如果你想多加一些装饰的话，下面就是制作的方法。首先，把扣子缝到刚才准备的 5cm 宽的丝带或者装饰布条上。然后，把丝带折起来，再疏缝到背景布左边的缝份上。

6. 把表布放到铺棉上，用快速黏合喷雾将它们粘起来。把里布放到表布上，正面相对，这就形成了一个"三明治"。接下来，沿着"三明治"的各条边缝好，并留出一个开口。再按照表布的大小修剪铺棉和里布。修剪完以后，翻到正面，并从背面熨平。最后，手工缝合开口。

7. 下一步，把缝纫机设置成自由针脚的模式，给缝纫机穿上白色机缝线。从中间向四周开始绗缝，但是要注意避开有小鸟的地方。

8. 最后，在装饰画的背面缝一个吊环。先缝 2 个扣子，并且以"8"字形在它们的周围绕一根线。这样一来，装饰画就能挂起来了。

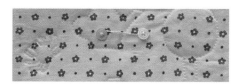

花园小天使

在湿冷阴霾的日子里，夏日的阳光显得那么遥不可及。于是，我从图书馆抱了一大堆关于园艺的书回家，想要借着阅读逃到温暖的国度去。在身旁一直陪伴我的，就是这个花园小天使。它使得我相信，哪怕现在的天气阴沉得可怕，未来总会有灿烂的鲜花在等我。在本书第126页中，你还能见到它的好姐妹——圣诞小天使呢！

成品尺寸：

从头到脚的尺寸约为23cm

材料

布：

25cm 长的白色布，用来制作小天使的裙子

米白色法兰绒碎布，用来制作小天使的头

红白相间针织料碎布，用来制作小天使的胳膊和腿

红色圆点碎布，用来制作浇花用水壶贴布

23cm×36cm 黄色纱质材料，用来制作小天使的翅膀

其他工具与材料：

奇异衬碎布若干

2 捆草绿色机缝线（30 号）

黑色机缝线（30 号），用于缝贴布

蓝色缝纫线，用于缝水流

红色线，用于缝小天使的嘴巴

亚麻线，用于缝小天使的头发

小玻璃珠，用来制作小天使的眼睛

填充物

小贴士

做小天使的胳膊和腿时，最好选用针织面料，因为这种有弹性的面料会让制作过程更容易些。

制作步骤

注意: 除非特别注明,否则本书中的所有作品都要留出 6mm 的缝份。本作品中,除了浇花用的水壶外,所有图样都已经预留了缝份。

1. 先画好裙子、头、腿的图样,手臂图样用书中提供的(见第 67 页),再把图样描到相应的布上,最后把贴布裁下来。

2. 将制作头和裙子的贴布放在一起,正面相对。在脖子的衔接处把两对布分别缝好,熨平。

3. 按照本书中第 17–21 页所教的方法制作浇花用的水壶贴布。接下来,把裁好的水壶图样(见第 67 页)描到奇异衬纸面上,熨到布的背面,并按照图样形状裁布。

4. 下一步,揭下纸面,把图样贴在小天使的正面。接下来,给缝纫机穿上黑色机缝线,沿着图案的边缘缝一圈。

5. 下面该绣小草了。把缝纫机设置成自由针脚的模式(见第 20–21 页)并穿上绿色机缝线,来回用短而直的针脚把小草绣好。要先用其中的一撮线,从裙子的底端开始绣。绣的时候要注意,草叶要绣得长短不一。接下来,用另一撮线在刚才已经绣好了的草丛上再绣一簇。

6. 如图,用蓝色机缝线和走针针脚(见第 25 页)手工绣出三股水流,模拟浇花时的样子。

用缝纫机来回缝

7. 用 3 根手指来缠亚麻线,使其厚度足够做小天使的头发。缠好以后,把它们缝到小天使头顶的缝份里,再用缝纫机来回缝几遍,使得头发更加牢固。最后,在它的脸上缝两颗小玻璃珠做眼睛,并用红色线来回缝一条弧线,组成嘴巴。这样,小天使的脸就完整了。

8. 把制作手臂的贴布正面相对地缝起来,再翻到正面。接下来,用同样的方法来做腿。缝好之后,将手臂和腿缝到小天使裙子上的相应位置。

9. 将小天使的各个部分正面相对,用别针别好。要注意,小天使的胳膊和手臂必须叠在身体里面。接下来,将各个部分缝好,缝的时候注意其中的一边要留开口。

10. 翻到小天使的正面,用填充物填充好。填完之后,缝好开口。

11. 下一步,做翅膀。把纱布对折,使其尺寸变为 23cm×18cm。从中间部分开始疏缝,再抽紧疏缝绒,褶皱部分就形成了翅膀的形状。然后,把翅膀缝到小天使背部的中间。接下来,按照书中第 64 页的图片,把翅膀修剪成漂亮的圆形。

12. 最后,拿起针从小天使的头顶中央位置开始缝,并在末端打结,这样吊环就做好了。你可以给小天使理发,让它变得更漂亮。现在,小天使就能开始飞翔了!

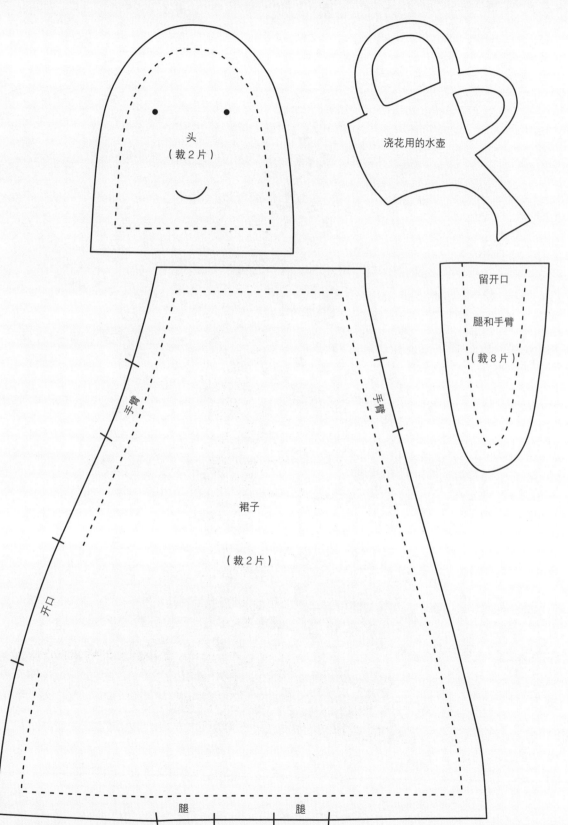

头
（裁2片）

浇花用的水壶

留开口

腿和手臂

（裁8片）

裙子

（裁2片）

手臂

手臂

开口

腿　　　腿

花园小屋

花园小天使也需要一个工具房。你可以缝一个花园小屋，作为送给 **成品尺寸：**
朋友乔迁新居的礼物，只需把小屋的窗户换成门牌号码就行了。 约为 8cm×19cm

材料

布：

25cm 长的红色圆点布，用来制作小屋

13cm×25cm 印花布，用来制作屋顶

各种碎布，用来制作门和窗户贴布

其他工具与材料：

奇异衬

黑色机缝线

纽扣，用来制作门把手

用来制作烟囱的布条若干

填充物

用来制作挂绳的线

具体的缝纫方法和图样请参考本书第 122–
125 页的圣诞装饰挂件的部分

I caught a fish alive
six seven eight nine
then I let go ag
why did you let it
cause it bit my finge

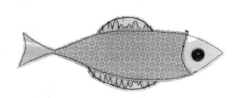

夏　天

"在路上"抱枕

成品尺寸：

40.6cm×40.6cm

　　六月的第一个周末，终于迎来了初夏的暖阳。高速公路上满是带着家人赶往海边或去郊外度假的人们。于是，这样的场景激发了我创作这个抱枕的灵感。

　　如果你热衷于搭配各种布，那么这个作品是最适合你去做的了。假如还想要多一些的变化，也可以把第 37 页中的云朵和第 126 页中的郁金香都加到这个抱枕上去。

材料

布：

50cm 长的白色亚麻布或棉布，用来制作抱枕的背景布

50cm 长的黑白圆点布，用来制作抱枕的背面

35cm 或者 1 大块 46cm×56cm 黑色布，用来制作道路贴布

各种各样的碎布，用来制作各式的小贴布

其他工具与材料：

50cm 长的奇异衬

黑色机缝线（30 号）

4 颗纽扣，用来制作车轮

1 颗黑色玻璃珠，用来制作马的眼睛

亚麻绳若干，用来制作马的鬃毛和尾巴

嫩绿色缝纫线，用来制作小草

白色缝纫线，用于缝路中间的标识线

8cm 长的布条，用来制作标签

2 个白色扣子，用于给抱枕封口

40.6cm×40.6cm 的枕芯

材料

白色布:

> 裁尺寸为 40.6cm×40.6cm 的布 1 块,用来制作抱枕的表布

黑白圆点布:

> 裁尺寸为 28cm×40.6cm 的布 2 块,用来制作抱枕的里布

制作步骤

1. 首先制作贴布。把书中第 76–77 页中的贴布图样描到奇异衬纸面上,再将它们粗略地剪出来,熨到布的背面,并按照图样的形状裁下来。

2. 揭下纸面,把贴布粘在抱枕的背景布上。贴的时候要注意,留出缝份的图样要贴在表层贴布的下方。请参照图样和成品图片来完成。

小贴士

一般工厂生产的枕芯都比较松散,因此在缝抱枕套的时候不用预留缝份的位置,这样才会使成品比较紧实,手感也更好一些。

在贴马路的时候，要从其中的一头开始，一点一点地贴。路贴到哪里，就顺便把路旁的其他贴布一起粘上。贴马的时候要注意，先从马腿开始贴，再贴身体和头。

3. 现在，做马鬃和马尾。用两根手指滚动亚麻线，直到足够粗为止。接下来，把马的图样稍稍揭起来一点儿，将马尾放到大概的位置上，再把它缝到背景布上去，并固定位置。马鬃部分重复同样的步骤。最后把马贴牢固。

4. 给缝纫机穿上黑色机缝线，沿着马的边缘缝一圈。然后，修剪马鬃和马尾。

5. 把缝纫机设置成自由针脚模式，将商店的广告招牌贴布和钟表贴布的表面都缝好。你可以先在其他的碎布上练习，直到比较熟练之后再到图案上面去缝。

6. 接下来，用黑色的缝纫线和短而直的针脚沿着其他图案的边缘缝一圈。

7. 下一步，拿4股白色缝纫线，先用走针缝出路中间的标识线，再拿2股嫩绿色缝纫线，用回针针法缝好草丛（见第25页）。最后，把制作车轮用的扣子缝到汽车上。

8. 然后，做抱枕的背面。沿着其中一块布的长边翻折2.5cm，共翻折2次，折好后熨平。再沿着另一块布的长边翻折1.3cm，同样翻折2次，折好后熨平，再缝起来。

9. 在刚才折得较宽的布中间做2个扣眼。

10. 把制作标签用的布条缝到抱枕表布靠左的缝份上。

11. 将抱枕的里布和表布叠放在一起，正面相对。按照里布上的折痕，将两块布叠在一起。其中，有扣眼的那块布要紧贴抱枕表布。缝好毛边，再用之字形的针脚缝一遍。缝的时候注意，要留出一个开口，以便翻到枕套的正面。接下来，翻到枕套正面，缝好扣子。最后，把枕芯塞进去。

12. 这样就大功告成，可以上路喽！

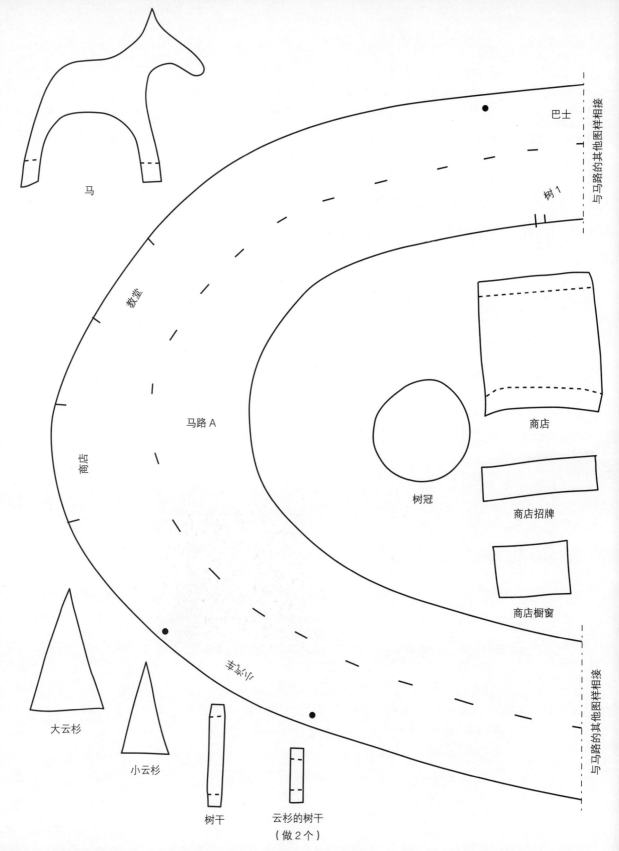

马

巴士

树1

与马路的其他图样相接

教堂

马路 A

商店

树冠

商店

商店招牌

商店橱窗

与马路的其他图样相接

小云杉

大云杉

小云杉

树干

云杉的树干

（做2个）

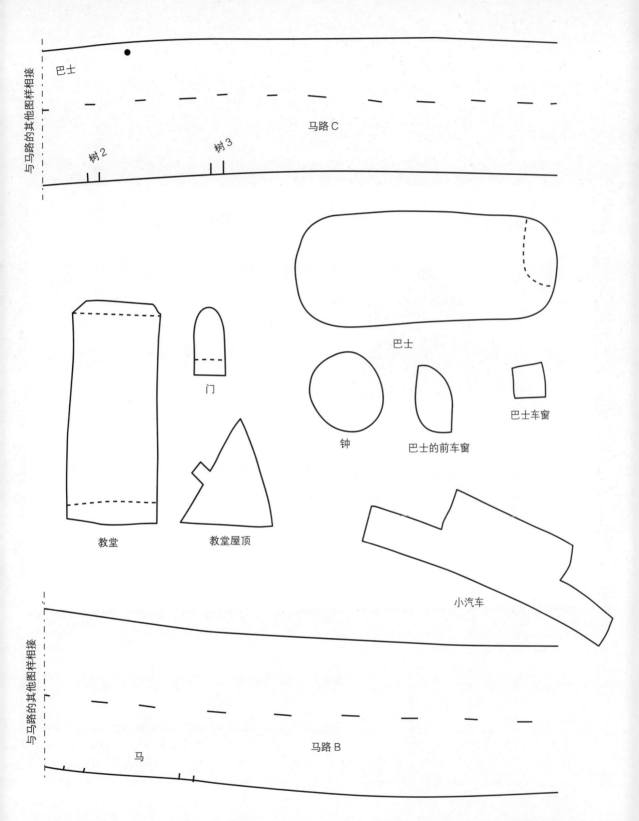

夏日的度假小屋

在桦树环绕的红色湖滨木屋里度假，是多少芬兰人在冬天梦寐以求的事儿啊！夏天到了，我们终于能得偿所愿，开始这种简单而自由的生活了。

这个作品非常简单，哪怕你是个缝纫新手也能轻松胜任。在这个作品中，既不需要铺棉也不需要镶边，只需在图案的周围缝一圈就行了。这样，你的作品就能够塞进市面上出售的相框里。还可以根据相框尺寸来调整作品的大小，只需按比例把贴布放大或缩小即可。

成品尺寸：

大约 28cm×22cm（包括相框）

贴布尺寸：

大约 28cm×18cm

材料

布：

36cm×25cm（或适合相框尺寸的大小）白色棉布，用来制作背景布

36cm×25cm 任意布，用来制作里布

16.5cm×16.5cm 红白圆点布，用来制作小屋贴布

16.5cm×13cm 黑白相间的布，用来制作屋顶贴布

黄绿色印花碎布，用来制作桦树的树冠贴布

黑白相间碎布，用来制作桦树的树干贴布

黄绿色碎布，用来制作门贴布

蓝白相间碎布，用来制作窗户贴布

各种各样的碎布，用来制作各式的衣服贴布

其他的工具与材料：

36cm×25cm 奇异衬

黑色机缝线（30号）

白色机缝线（30号）

黑色缝纫线，用于绣炊烟

红色缝纫线，用于绣门把手上的钥匙眼

贝壳材质的扣子，用来制作门把手

细笔尖的记号笔

尺寸为20cm×25cm或22cm×28cm 的相框

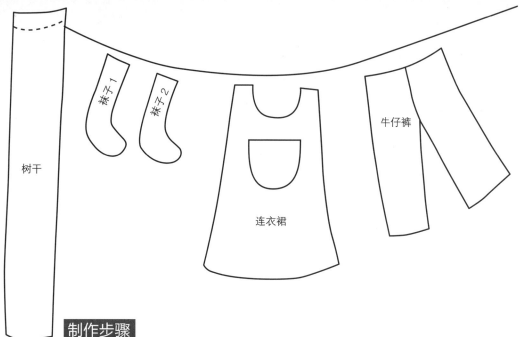

树干

袜子1

袜子2

连衣裙

牛仔裤

制作步骤

注意：除非特别注明，否则本书中的所有作品都要留出 6mm 的缝份。

1. 按照本书第 17-20 页所教的方法制作贴布。首先，把第 80-81 页中的贴布图样描到奇异衬纸面上，然后将其熨到布的背面上，再按照图样的形状裁布。

2. 揭下纸面，并按照顺序在背景布上排列好。**贴的时候要注意，已留出缝份的贴布要放在表层贴布的下面。**排列的时候，请参考书中的成品图。用画粉画出晾衣绳的位置，并将衣服的贴布放在距离晾衣绳下方约 6mm 的位置。

3. 把贴布图样粘在背景布上。

4. 给缝纫机穿上黑色机缝线，用平针针法沿着贴布的边缘缝一圈。接下来缝晾衣绳。用黑色机缝线来回缝两次，缝第 2 次的时候叠在第 1 次的路径上即可。

5. 接下来，拿 4 股黑色缝纫线，先用走针缝出炊烟袅袅的样子，再用 2 股红色缝纫线缝好晾衣绳上的夹子。最后用同样的线把用来制作门把手的扣子缝好。

6. 把里布和表布修剪为 29.2cm×22.3cm 的大小，也可以根据自己相框的实际大小来修剪。

7. 将裁剪好的里布和表布叠放在一起，正面相对。留出 6mm 的缝份后，缝好四周。缝的时候注意要留出一个开口。接下来，利用这个开口翻到作品的正面，从背面将作品熨平。最后手工缝合开口。

8. 给缝纫机穿上白色缝纫线，仔细地沿着贴布边缘缝一圈。

9. 把作品从其背面熨平，然后塞进相框里。这样，夏日的度假小屋就大功告成了！

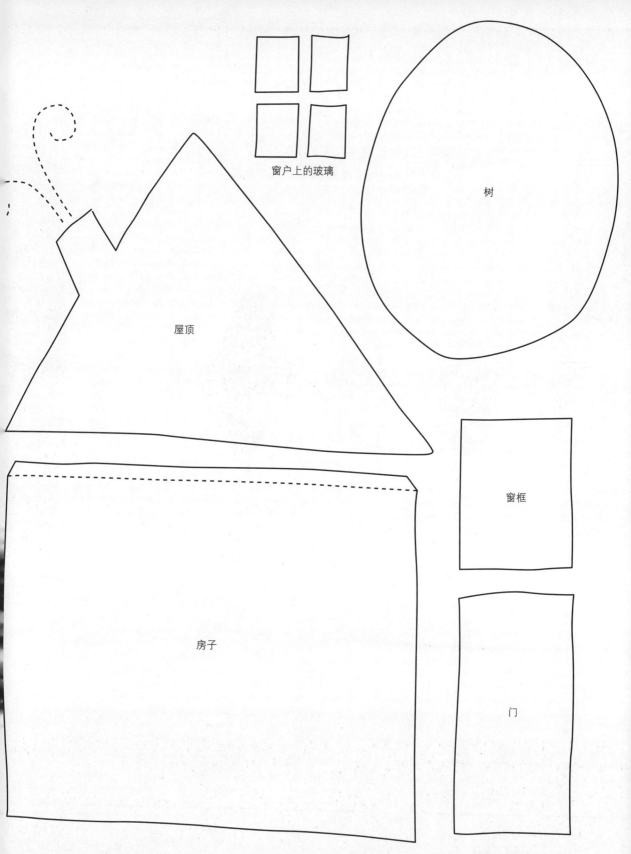

窗户上的玻璃

树

屋顶

窗框

房子

门

silakka 即芬兰语中的"鲱鱼"

鲱鱼抱枕

波罗的海鲱鱼是什么？这是一种在我们的海岸很常见的鱼类，也是传统芬兰人餐桌上必不可少的菜。在盛夏的夜晚，人们总喜欢把它和应季的番茄、小茴香一起烹调。这个作品的灵感来源是二十世纪五六十年代的北欧纺织品。而我的下一个作品同样是以美味的小鱼为主题的。

成品尺寸：

40.6cm×40.6cm

材料

布：

50cm 长的原色亚麻布，用来制作抱枕的背景布

50cm 长的湖蓝和白色相间的圆点布，用来制作抱枕的里布

10 块湖蓝色和黄绿色碎布，用来制作鲱鱼贴布

4 块黑白花色碎布，用来制作鱼贴布

其他工具与材料：

25cm 长的奇异衬

黑色机缝线（30 号）

4 颗纽扣，用来制作鱼眼睛

8cm 长的布条，用来制作标签

大扣子，用于给枕头封口

40.6cm×40.6cm 的枕芯

制作步骤

注意: 除非特别注明，否则本书中的所有作品都要留出 6mm 的缝份。

1. 裁尺寸为 40.6cm×40.6cm 的亚麻布 1 块，用来制作抱枕的表布；裁尺寸为 28cm×40.6cm 的圆点布 2 块，用来制作抱枕的里布。

2. 接下来，把书中第 85-86 页的图样描到奇异衬纸面上，并将它们剪出来，熨到布的背面上。最后，按照图样的形状裁布。详细做法请参见本书的第 17-20 页。

3. 揭下纸面，把贴布图样粘在抱枕的背景布上。要注意，已留出缝份的贴布要贴在表层贴布的下面。粘贴布时，请参考书中的成品图片按顺序来粘，记得在鲱鱼图样下方留出文字刺绣的空间。另外，还要注意图样不能离布的边缘太近，否则在塞进去枕芯后就会看不见了。

4. 用画粉将第 87 页的文字写在图样下方。你既可参照我的作品样式，也可以照自己的方式书写，这样会使抱枕更具个性。给缝纫机穿上黑色机缝线，把缝纫机设置成自由针脚的模式，绣上刚刚写好的文字。

5. 接下来，做抱枕的背面。沿着其中一块布的长边翻折 2.5cm，翻折 2 次后熨平。沿着另一块布的长边翻折 1.3cm，翻折 2 次后熨平。然后把两块布缝起来。

6. 在刚才折得较宽的边中间做一个扣眼。

7. 把用来制作标签的布条缝到枕头正面靠左的缝份上。

8. 将抱枕的里布和表布叠放在一起，正面相对，其中有扣眼的那块布紧贴枕头的表布。请注意，将两块里布重叠 8cm，使得它们靠右的边与表布右边缘平齐。接下来缝好毛边，再用之字形的针脚缝一遍。缝的时候注意留出一个开口，再翻到枕套正面，缝好扣子。

小贴士

　　不那么喜欢鲱鱼？你也可以绣别的字，比如说"学校"怎么样？

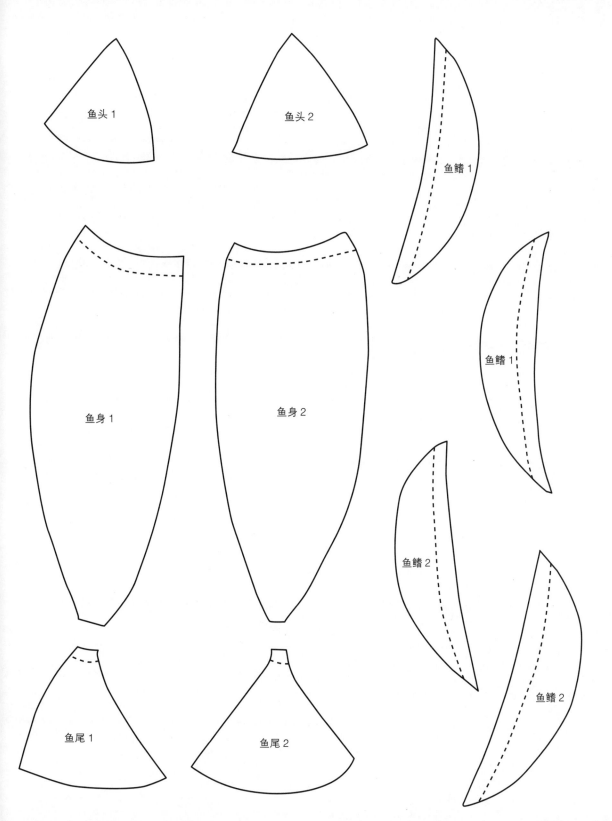

鱼头 1

鱼头 2

鱼鳍 1

鱼鳍 1

鱼身 1

鱼身 2

鱼鳍 2

鱼尾 1

鱼尾 2

鱼鳍 2

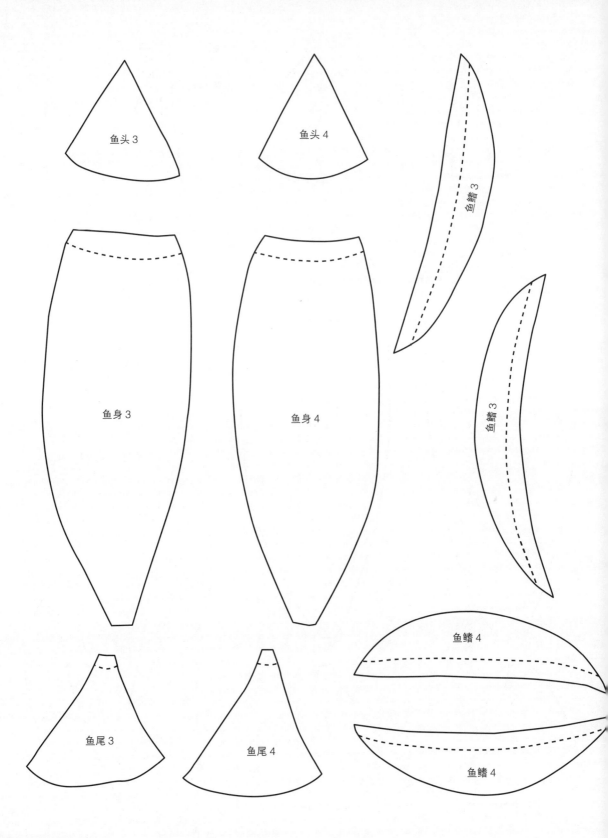

鱼头 3

鱼头 4

鱼鳍 3

鱼身 3

鱼身 4

鱼鳍 3

鱼鳍 4

鱼尾 3

鱼尾 4

鱼鳍 4

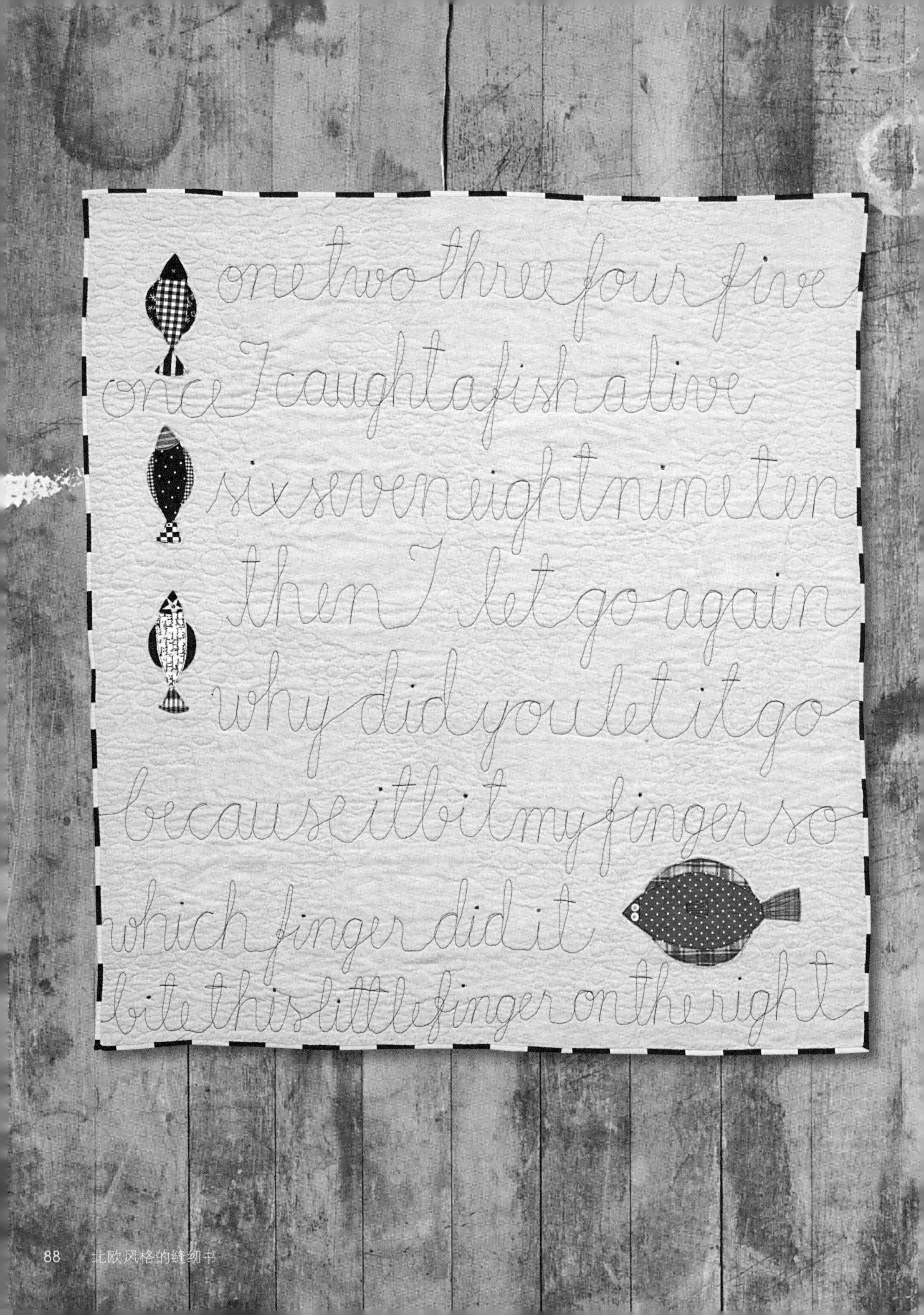

one two three four five
once I caught a fish alive
six seven eight nine ten
then I let go again
why did you let it go
because it bit my finger so
which finger did it
bite this little finger on the right

垂钓之乐婴儿被

有一次，我们全家一起到海边度假。海鸥的叫声把我唤醒，于是我独自一人坐在海边的岩石上，望着远处的海平面，听着海浪声，感受着清新的海风抚弄我的头发。多希望时间能永远停留在这一刻啊！回家之后，我打算缝一个婴儿被，将这段美好的记忆永远保存下来。

制作这个婴儿被并不需要用到任何传统的缝纫或刺绣技巧。假如你喜欢自由绗缝，那就选一个周末来完成这个作品吧。

成品尺寸：

104.1cm×111.8cm

材料

布：

注意： 此处所用的布宽度至少为111.8cm。

1.5m 长的原色亚麻或纯棉布，用来制作背景布

1.5m 长的纯棉印花布，用来制作里布

25cm 长的黑白条纹布，用来镶边

12 种图案各异的黑白色花纹碎布，用来制作鲱鱼贴布

4 种图案各异的咖啡色花纹碎布，用来制作比目鱼贴布

米白色羊毛毡碎布，用来制作比目鱼的眼睛

其他的工具与材料：

1.5m 长的低密度纯棉铺棉

50cm 长的奇异衬

黑色机器机缝线（30 号）

白色机器机缝线（30 号）

一捆刺绣用的粗丝线

布用快速黏合喷雾

可修改的画粉或画粉笔

小贴士

制作婴儿被的过程非常的有趣，你可以任意发挥你的想象力。哪怕选用颜色比较朴实、不那么鲜亮的布也没关系。

1，2，3，4，5，水边把鱼捕。

6，7，8，9，10，小鱼放回湖。

为何把鱼放？鱼儿咬我手。

咬的是哪根？右手小拇指。

剪裁

亚麻布：

　　裁尺寸为 104.1cm×111.8cm 的布 1 块，用来制作被面

条纹布：

　　裁尺寸为 2.5cm 宽的布 5 条，用来镶边

制作步骤

注意：除非特别注明，否则本书中的所有作品都要留出 6mm 的缝份。

1. 制作贴布。把书中鲱鱼抱枕作品中的鲱鱼图样（见第 85-86 页）以及第 93 页的比目鱼图样描到奇异衬纸面上，然后剪出来，熨到布的背面，再按照图样的形状裁布。详细做法请参见本书第 17-20 页。揭下纸面，将它贴在被面布块上。参照书中的成品图来制作。

2. 给缝纫机穿上黑色机缝线，沿着鱼贴布边缘缝一圈。要注意，比目鱼中间的鱼鳍以及鱼尾上的条纹是需要绗缝的，因此现阶段不要缝它。

3. 假如你选择用碎布拼成被里布，请先把它拼好。注意，里布和铺棉的各边边长都要比被表布长 2.5cm，总体尺寸大约为 109.2cm×116.8cm。

4. 把需要绗缝的布片——叠好，再疏缝起来（见第 22-23 页）。

5. 用画粉或画粉笔在步骤 4 的成品中均匀地画 8 条线。第一条线距被子顶端约 17.8cm，其余的线之间间隔约为 13cm。然后，再用画粉将刚才那首小诗的第一句写上去。请参照本书第 23 页的步骤来做。

6. 把缝纫机设置成"自由绗缝"的模式，开始绣写好的第一句诗。接下来，写小诗的第二句，再绣好。以此类推，直到你绣完整首诗为止。

7. 绗缝比目鱼的鱼鳍和鱼尾。

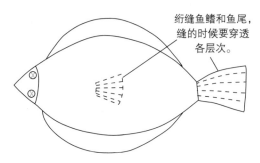

绗缝鱼鳍和鱼尾，缝的时候要穿透各层次。

比目鱼

8. 给缝纫机穿上白色机缝线，穿透整个被子，并围着鱼缝一些气泡。缝的时候可参考第 92 页的图片。注意，要多缝几针以固定位置。我不仅在鱼的周围缝了气泡，还在整张被上缝了很多，营造出有生机的水底环境。但是，缝的时候还要留出一些空白，这样看起来才像真正的池塘。

9. 把用来镶边的布条连在一起拼成一条长布条。采用单次对折斜角的方式镶边，即把拼好后的布条反面相对，长边对折，再压平。最后按照本书中第 24-25 页所教的方法完成镶边。

10. 清洗缝好的被子。

11. 拿 4 股刺绣用的粗丝线，用十字绣针法缝好鲱鱼的眼睛。我的做法是缝一个明显的结，把结的尾巴留在被子的背面。在白色羊毛毡上裁下 2 个圆形，用来制作比目鱼的眼睛，同样用十字绣针法把它们缝到鱼的图样上面。

12. 1，2，3，4，5，被子完成了！

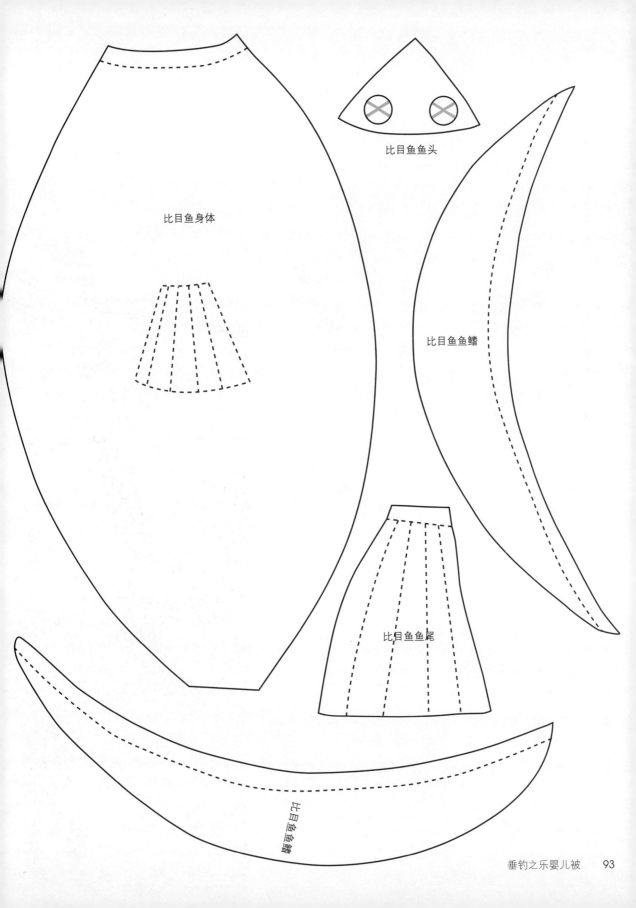

比目鱼鱼头

比目鱼身体

比目鱼鱼鳍

比目鱼鱼尾

比目鱼鱼鳍

秋　天

"停车采花" 壁毯

入秋以后，天气渐入微凉，但炎夏的余威仍在。新的学期来临，经过一个假期的休整，我们又回到正常的生活节奏中了。趁着夏末，快去采一些美丽的花朵，装扮装扮自己的小屋吧！

这幅作品结合了传统技法与现代风格。作品灵感来源于一幅北欧传统的羊毛刺绣作品。它是以黑色为背景，构图明亮，充满童趣。我有感而发，采用黑色亚麻布作为背景，并根据自己的印象，画出了瑞典小马的模样。

成品尺寸：

43.2cm×37.5cm

材料

布：

60cm 长的黑色棉布或亚麻布，用来制作背景布

23cm×23cm 的原色亚麻布或米黄色棉布，用来制作小马贴布

圆点图案碎布，用来制作马车贴布

各种颜色棉布，用来制作花朵、马鞍、缰绳、马具以及树叶贴布

其他工具与材料：

25cm 长的奇异衬

黑色机缝线（30 号）

白色机缝线（30 号）

亚麻编织纱，用来制作马鬃和马尾

红色缝纫线

1 颗小纽扣，用来制作马的眼睛

2 颗黑色纽扣，用来制作马车车轮

51cm 的木棍，用来制作挂杆

可修改的画粉或白色粉笔 1 支

小贴士

用白线在黑色的背景上刺绣，营造出来的效果就像是在黑板上用粉笔写字一样。

剪裁

黑色亚麻布：

裁尺寸为 46.4cm×48.3cm 的布

制作步骤

1. 首先制作贴布。把书中第 100–101 页的图样描到奇异衬纸面上，然后剪下来，熨到布的背面。再按照图样的形状裁布。详细做法请参照本书第 17–20 页。

2. 揭下纸面，按照书中第 99 页的顺序把贴布图样粘在背景布上。在这一步，只贴马腿，其他部分先不贴。

3. 给缝纫机穿上黑色缝纫线，按照刚才标好的顺序，沿着图样的边缘缝一圈。绣好以上图样后，开始绣列表中的其他图案，如：蒲公英、马嘴、马掌等。

4. 接下来，选用 3 股红色缝纫线，用十字绣（见第 25 页）的方式给马缰绳加上装饰。

5. 现在，做马鬃和马尾。首先做马鬃。给针穿上双层亚麻绳，用来缝鬃毛。缝完以后，在作品的正面打一个结。接下来，以同样的方法缝好马尾。要注意的是，马尾的最终长度大约为 5cm。缝好之后，把整匹马贴在亚麻背景布上。给缝纫机穿上黑色机缝线，用平针针法沿着马的图案边缘缝一圈。

6. 把用来制作马眼睛和马车车轮的扣子分别缝好。

7. 用画粉或白粉笔把本书第 100 页中的文字描到作品上去。

8. 给缝纫机穿上白色机缝线，并设置成自由针脚的模式，把刚刚写好的文字绣好。详细做法参见本书第 20-21 页。然后，从作品的背面把它熨平。

9. 把作品的两条竖边和底边先翻折 1.3cm，熨平，再翻折 1.3cm，熨平。然后用黑色的线在表面缝好。

10. 接下来，要在作品的顶部做一个小槽，用来放置挂杆。先将顶边翻折 1.3cm，熨平，再翻折 5cm，熨平。最后沿着折痕的底部手工缝合。

11. 最后，把准备好的木棍放到小槽里就大功告成了。赶快把它挂到墙上去吧！

配置图

图样需放大 150%

7
花

8
花蕊

15

叶子
做 5 个

14

12

13

11

9
蒲公英

10

蒲公英花蕊

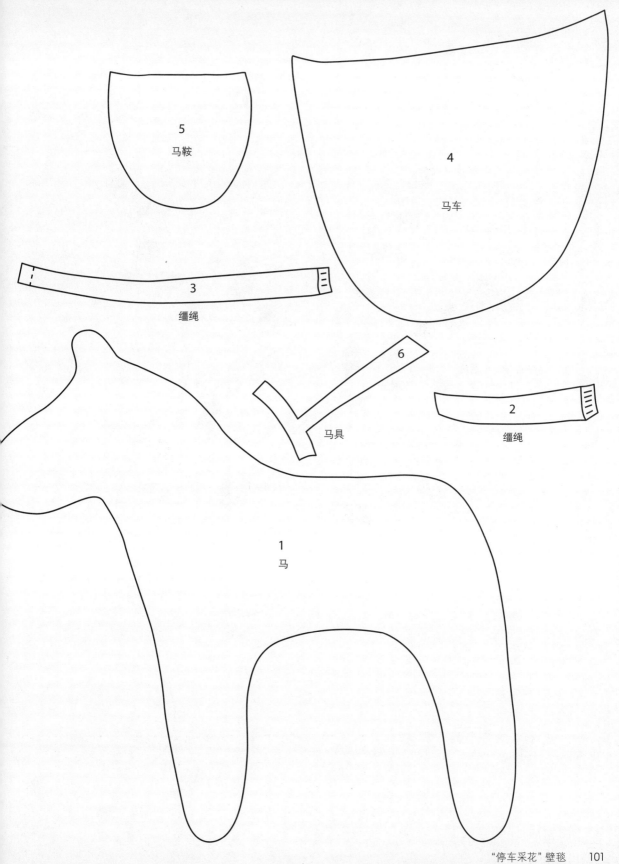

5
马鞍

4

马车

3
缰绳

6

马具

2
缰绳

1
马

"霜林尽染"小被子

灿烂金秋，万山红遍，层林尽染。许多人都选择在这个季节北上去观赏霜林尽染的景象。孩子们在这个时候可高兴了，上学的路上，他们喜欢在成堆的枫叶中间嬉笑打闹，尽情享受着秋日的美好时光。我受到眼前美景的启发，创造出了这棵五彩斑斓的大树。

这幅作品很实用，既可以用它盖沙发，也可以挂在墙上当作装饰。

成品尺寸：

132cm×142.2cm

材料

布：

长 1.6m，宽 1.4m 的原色亚麻布，用来制作背景布

长 1.6m，宽 1.4m 的印花布，用来制作里布

25cm 长的橘红色棉布，用于镶边

大约 20 种颜色各异的碎布，包括：绿色、黄绿色、咖啡色、黄色、橘色、深橙色以及红色圆点布，用来制作树叶贴布

其他工具与材料：

1.6m 长的纯棉铺棉

50cm 长的奇异衬

黑色机缝线（30 号）

白色机缝线（30 号）

可修改的画粉或画粉笔

剪裁

亚麻布：

裁尺寸为 132cm×142cm 的布，用来制作被面

里布和铺棉：

分别裁尺寸为 140cm×152.4cm 的纯棉铺棉和印花布。

橘红色棉布：

裁 6 条宽为 2.5cm 的布条，用于镶边

制作步骤

注意： 除非特别注明，否则本书中的所有作品都要留出 6mm 的缝份。

1. 首先制作贴布。按下图所示把树叶的图样画好，描到奇异衬纸面上，一共需要做 52 片叶子。然后把它们剪下来，熨到制作叶子的碎布背面。每种颜色的布头要裁 1-4 片左右的叶子。

2. 把亚麻背景布铺到桌子上或地板上。在亚麻布底下铺一条毯子，有助于保温。这样一来，你就可以在不移动布的情况下把叶子的图样都熨上去。

3. 参考书中的成品图，把叶子贴布熨到亚麻布上。用画粉或画粉笔在亚麻布的正面画出树的大概轮廓。要注意，树干到第一个树枝之间的距离约为 39cm，树叶之间的距离约为 4.4cm。可以先试着在布面上调整树叶的位置，直到觉得合适为止。然后，把树叶贴布图样熨到布上面。另外，请仔细阅读你所使用的画粉笔说明书，熨的时候要尽量避开画粉笔的痕迹，以免造成无法擦掉的情况。

4. 用黑色的线把树干和树叶都缝好。缝树叶的时候要沿其缝一周，然后在树叶中间以之字形的针脚缝出树叶的脉络。

5. 从反面将亚麻布熨平。

6. 叠好"绗缝三明治"（见第 22-23 页），再疏缝起来。

7. 给缝纫机穿上白色的线，并设置成"自由绗缝"的模式。接下来，绗缝整个被子。注意，要从中间缝向四周，并留出树干的位置不要缝。最后沿着树叶的四周绗缝一圈，使得它们和背景有鲜明的对比。

8. 把里布和铺棉按照被面的尺寸裁整齐。

绗缝叶子

9. 将用来镶边的布条连在一起拼成一条，然后熨平（见第 24-25 页）。用单次对折斜角的方法给小被子镶边。这样，小被子就大功告成了！

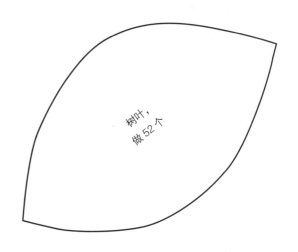

树叶，
做 52 个

"秋日树影" 亚麻围巾

很多人都喜欢穿黑色衣服。其实，黑色并不一定是单调呆板的。如果把黑色和黄绿色结合起来，顿时就活力尽现。亚麻有其天然而独特的纹理和光泽，是制造成衣的理想面料。

经常做拼布的人会在不知不觉中攒下许多碎布头。我会把这些布头都攒起来，做一些小手工。譬如说，这个作品当中的树叶，就是用了"霜林尽染"小被子（见第102页）中剩下的碎布制作的。

成品尺寸：

25.4cm×160cm

材料

布：

70cm 长的黑色亚麻布，用来制作围巾

70cm 长的黄绿色圆点印花纯棉布，用来制作内衬

大约 12 种能代表秋天颜色的碎布，用来制作树叶贴布

圆点印花碎布头和白色碎布，用来制作伞菌贴布

其他的工具与材料：

黄绿色机缝线（30 号）

黑色缝纫线

奇异衬

可修改的画粉或画粉笔

25cm 长的奇异衬

剪裁

黑色亚麻布：

裁 2 条长为 26.7cm，宽为布原始宽度的黑色亚麻布

黄绿色内衬布：

裁 2 条长为 26.7cm，宽为布原始宽度的黄绿色圆点布

伞菌盖

蘑菇柄

制作步骤

注意： 除非特别注明，否则本书中的所有作品都要留出 6mm 的缝份。

1. 将两片亚麻布短边相接，拼成一长条，缝合后熨平。然后，把拼接好的布修剪到 161cm 长，也可以根据自己的喜好任意修改围巾的长度。内衬的布也重复同样的步骤，把它们拼接成尺寸为 26.7cm×161cm 的成品。

2. 首先制作贴布。画好书中第 106 页伞菌的图样，将它描到奇异衬纸面上。然后，在距离碎布 1.3cm-1.9cm 大的位置画好树叶的图样，也描到对应的奇异衬纸面上。接下来，把它们粗略地剪出来。不需要剪得分毫不差，只要差不多就行了。一共需要制作 38 片叶子，每种颜色的布头裁 3-4 片左右的叶子。

3. 用画粉或画粉笔在亚麻布的一端画出树的大概轮廓。我所画的树大约是 25cm 高，17.8cm 宽。参考书本中的成品图，把树叶摆到合适的位置上去。揭下纸面，贴好树叶贴布。然后，把它们熨到布上去。

4. 用黄绿色线把树干和树叶缝好。

5. 在围巾的另一端把伞菌图样缝好。

6. 把围巾的亚麻布和内衬布叠在一起，正面相对。沿四周缝一圈，其中的一端留出开口不要缝。缝好以后，翻到围巾正面，再熨平。

7. 用装饰性的针脚手工把围巾的开口缝合，"秋日树影"亚麻围巾就大功告成了！

酸甜滋味苹果杯垫

　　丰收的季节到了，在家家户户的厨房里都闻得到自制苹果酱的甜美
味道。做苹果酱的步骤烦琐，但却很值得。特别是在寒冷的冬日，能够
尝到苹果的香甜味道，简直是一种极大的享受。

　　这个作品既可爱，又有趣。假如你没有多少空闲时间，那么选择做
这个作品就再好不过了。这里介绍的是一套杯垫（4个）的做法。

成品尺寸：

10.2cm×10.2cm

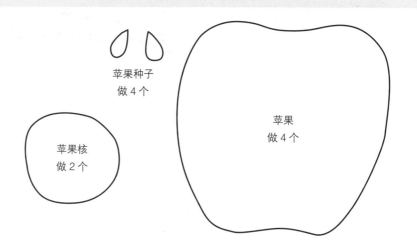

苹果种子
做4个

苹果核
做2个

苹果
做4个

布：

25cm 长的原色亚麻布或棉布，用来制作杯垫的背景布和里布

3 块红色、1 块黄绿色的边长为 13cm 的正方形布，用来制作苹果贴布

白色和黑色的碎布，用来制作苹果核和苹果种子贴布

其他工具与材料：

25cm 长的低密度铺棉

25cm 长的奇异衬

黑色机缝线（30 号）

白色机缝线（30 号）

剪裁

亚麻布：

裁 8 块尺寸为 11.4cm×11.4cm 的布

铺棉：

裁 4 块尺寸为 11.4cm×11.4cm 的铺棉

制作步骤

注意： 除非特别注明，否则本书中的所有作品都要留出 6mm 的缝份。

1. 首先制作贴布。把书中第 108 页的图样描到奇异衬纸面上，然后把它们剪下来，熨到布的背面。再按照图样的形状裁布。详细做法请参见本书第 17-20 页。揭下纸面，贴在其中的 4 块亚麻布上。贴的时候，请参考书中的成品图。贴好后熨平。

2. 给缝纫机穿上黑色缝纫线，用短而直的针脚沿着苹果图样的边缘缝一圈，再把苹果核和苹果种子图样缝好。接下来，用短而宽的之字形针脚缝出苹果的柄。在正式缝以前，请先在其他布上练习一下，以便达到理想的效果。

3. 给缝纫机穿上普通的缝纫线。将铺棉放到有苹果图样的亚麻布块的下面。接下来，把有图样的亚麻布块和亚麻里布正面相对，用别针别好。再沿着距离布边 6mm 的地方围绕杯垫缝一圈。缝的时候注意要留一个开口，以便翻到杯垫正面。修剪掉多余的边角后，翻到杯垫正面，熨平。

4. 给缝纫机穿上白色线。沿着苹果的边缘把杯垫绗缝好。再用黑色线沿着整个杯垫的边缘缝一道针迹。这样，刚才留的开口就缝合了。

大功告成了，快请你的朋友们来家里吃饭吧！

*joy to the world

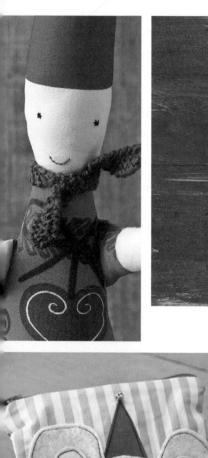

圣诞季

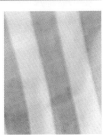

圣诞鼠拉链小包

离圣诞节越来越近了，我已经给孩子们准备好礼物了。其中之一就是圣诞鼠拉链小包，他们可以用小包把宝贝都藏起来。

成品尺寸：
15.2cm×19cm

材料

布：

13cm×18cm 绿色条纹布，用来制作背景布

13cm×18cm 红色圆点布，用来制作背景布

18cm×23cm 红白相间的布，用来制作小包里布

25cm 长的任意色布，用来制作内衬

15cm×15cm 浅灰色羊毛毡，用来制作小鼠头

粉红色羊毛毡碎布，用来制作小鼠耳朵

红色棉布碎布，用来制作帽子

白色圆点棉布碎布，用来制作裙子

小贴士

假如你想选用羊毛毡使小包呈现原生态的感觉，那么就用旧的毛毡衣服来做吧！

其他的工具与材料：

15cm×15cm 奇异衬

20cm 长的棉线蕾丝花边，用来镶边

14cm 长的红色拉链

1 个小铃铛，用来装饰圣诞帽

黑色纽扣，用来制作小鼠的鼻子

2 颗小黑纽扣，用来制作小鼠的眼睛

黑色机缝线（30 号）

剪裁

条纹布：裁 1 块尺寸为 16.5cm×10.8cm 的布

红色圆点布：裁 1 块尺寸为 16.5cm×10.8cm 的布

里布：裁 1 块尺寸为 16.5cm×20.3cm 的布

内衬布：裁 2 块尺寸为 16.5cm×20.3cm 的布

制作步骤

注意：除非特别注明，否则本书中的所有作品都要留出 6mm 的缝份。

1. 首先制作贴布。把书中第 115 页上裙子和帽子的图样描到奇异衬纸面上，再把它们粗略地剪下来，熨到布的背面。接下来，按照图样的形状裁下贴布。详细做法参照书中第 17–21 页。

2. 再做小鼠耳朵和头的贴布。把它们分别用灰色和粉红色的羊毛毡裁下来。注意，裁的时候，不要使用奇异衬。

3. 把用来制作小包表布的绿色条纹布和红色圆点布的长边对齐后缝好，然后熨平。用短而直的针脚把接口用棉线蕾丝花边包好。

4. 将前面做好的贴布放到背景布的相应位置上去。撕下裙子和帽子贴布背面的纸，粘好贴布。然后把小鼠的头和耳朵用别针别到相应的位置上去。

小贴士

假如你想让作品的圣诞气氛没那么浓厚的话，可以用不同的配色。你还可以在小鼠的圣诞帽上缝一个小珠片，这样就变成一顶生日帽了。无论什么年龄段的孩子都会喜欢这样的生日礼物！

5. 给缝纫机穿上黑色机缝线，用短而直的针脚沿着图案的边缘缝一圈。缝的时候请按照下图所示的顺序，先从帽子开始缝。

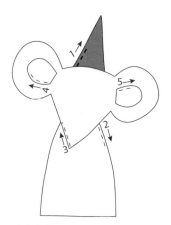

缝纫顺序图

6. 把多余的边裁掉，再缝小鼠的眼睛、鼻子和帽子顶上的铃铛。

7. 接下来，把拉链缝好。使用缝纫机的拉链针脚，把拉链的正面和袋子表布的上边缘对齐。要注意留出缝份的位置，以免拉链离边缘太近。然后，把拉链缝到小袋的正上方。再将里布与拉链正面相对，缝合起来。

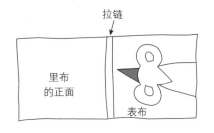

8. 将内衬布的正面沿拉链背部平放，注意拉链须在内衬布的中间位置，再把二者紧贴拉链齿痕位置缝在一起。重复这个步骤，沿着另一半边拉链，缝合剩下的内衬布。

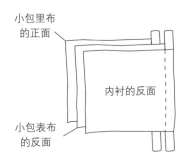

9. 仔细熨平缝好的各边，尽量避免熨到羊毛毡上。确保布不会堆在拉链附近。

10. 按照下面的指示图，用大头针将小包的正面固定，并使得内衬布在所有其他布之上，而表布在里布之上。需要注意的是，要让拉链保持打开的状态，这样才能翻到小包正面。接下来，从内衬布的最下方，用普通的针脚缝合小包。

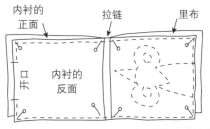

将布正面相对，用大头针固定，并沿各边缝合

11. 将小包各边和角落连接处的布修剪整齐，翻到正面，在有缝隙的地方加缝几针。最后将内衬布塞进小包里。

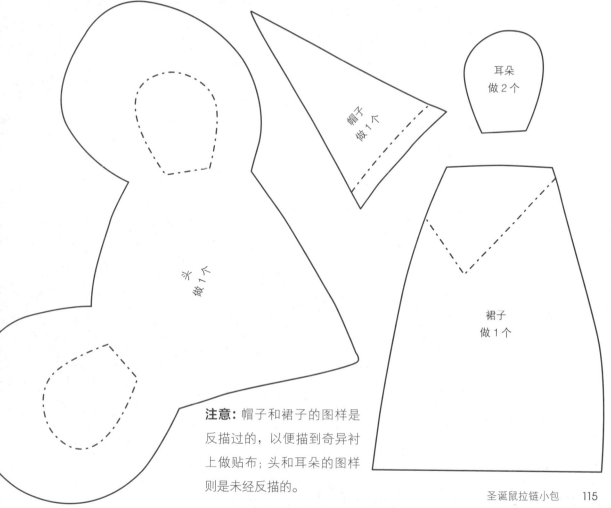

帽子
做1个

耳朵
做2个

头
做1个

裙子
做1个

注意：帽子和裙子的图样是反描过的，以便描到奇异衬上做贴布；头和耳朵的图样则是未经反描的。

北欧圣诞小精灵玩偶

这次要做的玩偶，是圣诞老人来自北欧的远房亲戚。每到十二月的圣诞季，这些小精灵就会偷偷地趴在窗户上，看看里面的孩子乖不乖，该不该放进圣诞老人的"淘气名单"中去。当然，这个圣诞小精灵的样子是我想象出来的，它结合了北欧的传说、圣诞精灵、花园小天使等众多元素。可以把它当作圣诞的装饰，如果你喜欢，也可以一年四季都摆着它，让它一直守护着你和你的家人。

本作品选用了二十世纪六七十年代的圣诞节布，它们图案鲜明，色彩鲜艳。在今天看来也许会有点夸张，但用在圣诞小精灵身上却再合适不过了。赶快动手，让这些旧布焕发生机吧！

成品尺寸：

从头到脚的尺寸大约为 61cm

材料

布：

25cm 长的正红色或绿色布用来制作小精灵的帽子

25cm 长的复古印花布，用来制作小精灵的裙子和手臂

少许碎棉布，用来制作小精灵的腿

米白色法兰绒碎布，用来制作小精灵的脸

羊毛毡或针织料碎布

其他的工具与材料：

小纽扣或玻璃珠，用来制作小精灵的眼睛

红色缝纫线一捆，用于缝嘴巴

填充物

织围巾的毛线

丝带、纽扣、碎布等，用于装饰

圣诞老人在北欧的不同说法

芬兰语: Tonttu

瑞典语: Tomte

丹麦语、挪威语: Nisse

制作步骤

注意: 除非特别注明,否则本书中的所有作品都要留出 6mm 的缝份。

1. 先画好图样 (见第 120-121 页),再描到相应的布上,最后按照图样形状裁布。

2. 接着,把羊毛毡和用来制作手臂的布正面相对,缝在一起。首先缝手臂,把用来制作手臂的贴布按照下图所说的方式,正面相对,缝好。然后,把多余的边剪掉,翻到正面,再往缝好的手臂里填充好填充物。

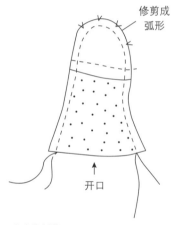

修剪成弧形

开口

手臂的制作

3. 接下来缝腿。把用来制作腿的贴布正面相对,缝好。然后,把多余的边剪掉,并翻到正面,往缝好的腿里塞好填充物。

4. 现在,把脸、帽子和身体正面相对,缝在一起。缝完小精灵的正面以后,背面也用同样的方法缝好。最后,把缝份熨向帽子和裙子的那边。

5. 如果想要给裙子加一些装饰，现在就该动手了。你既可以先把小精灵的脸缝好，也可以留到最后再缝。用 2 股的红色缝纫线，采用回针针法来缝小精灵的嘴巴。

6. 按照下图所示的方法，把小精灵的手臂和腿缝到裙子前面的布上去。

7. 把小精灵正面和背面的贴布用别针别好，在其中的一边留一个开口。如下图所示，将腿从这个开口中伸出来。缝好之后，剪掉多余的边，翻到正面。

开口 →

8. 将小精灵填充好。为了让它的帽子和脖子足够结实，你得多塞一些填充物。然后，手工缝好刚才留的开口。

9. 假如你还没有缝小精灵的脸，现在就把它缝好吧。然后，给它披上围巾，起个名字，让它当你的好伙伴吧。

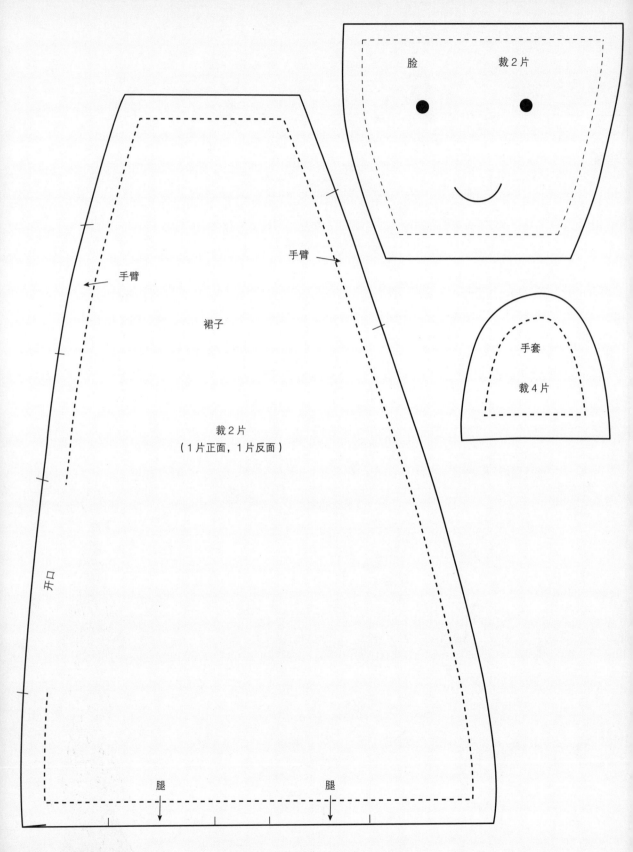

脸　　　裁 2 片

手臂

手臂

裙子

裁 2 片
（1 片正面，1 片反面）

手套

裁 4 片

开口

腿　　　　　　腿

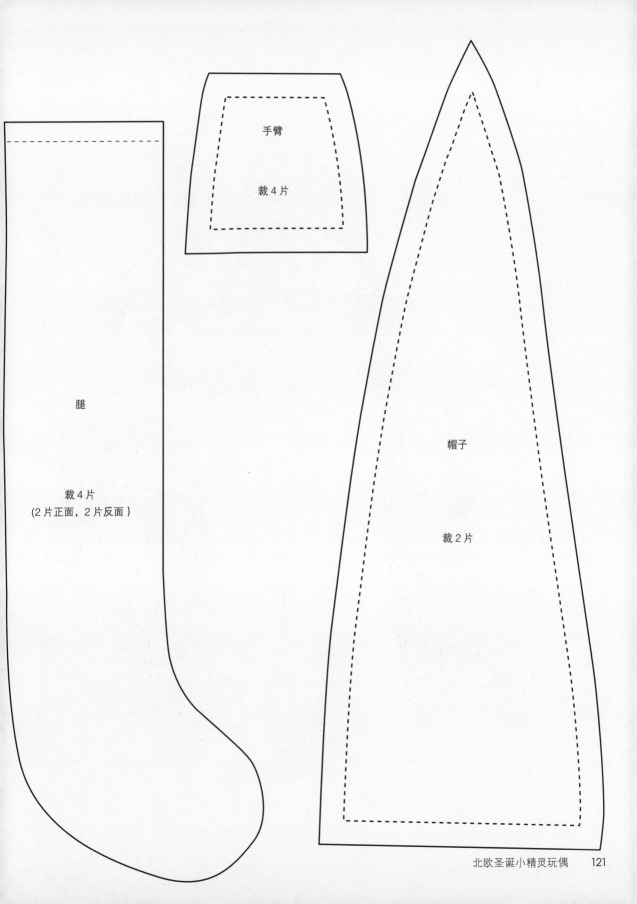

手臂

裁 4 片

腿

裁 4 片
(2 片正面，2 片反面)

帽子

裁 2 片

圣诞小屋挂饰

十二月的天气阴冷潮湿，寒风凛冽。在这样的天气里，我更喜欢待在温暖的房间里做姜饼或缝制圣诞礼物。

成品尺寸：
7.6cm×19cm

这种圣诞小屋挂饰非常可爱，用它们来装点圣诞树是再好不过的了。我的朋友还把它挂在大门口迎客呢！给小屋添加上门牌号、纽扣和蕾丝装饰带，这样小屋就变得独一无二了。在书中第68页，我就做了这样的挂饰来装饰花园。

材料

布：

25cm 长印花布，用来制作小屋贴布

13cm×25cm 印花布，用来制作屋顶贴布

各种碎布，用来制作门和窗户贴布

其他的工具与材料：

奇异衬

黑色机缝线

纽扣，用来制作门把手

用来制作烟囱的装饰带

填充物

蕾丝带、纽扣、装饰带、碎布等，用来制作
装饰物

制作步骤

注意：除非特别注明，否则本书中的所有作品都要留出 6mm 的缝份。

1. 先画好屋顶的图样，将它描到 2 层布上，再裁下图样。

2. 裁下尺寸为 8.9cm×12.7cm 的 2 片布，用来制作房子的主体。

3. 选择 1 种印花布来做房子的窗户和门。把窗户和门的图样描到奇异衬纸面上，再剪下来，熨到布的背面。按照图样的形状裁布。接下来，揭下纸面，参照书中第122至 124 页的图片，把窗户和门贴布图样粘到相应的位置上。

4. 将房子正面贴布和屋顶贴布正面相对，缝在一起。把缝份熨向颜色较深的那一边。对房子背面的贴布也重复同样的步骤。

5. 用黑色的线把窗户和门缝好。

6. 接下来，该装扮你的小屋了！

7. 如下图所示，把 7.6cm 的装饰丝带对折，插进屋顶的其中一边里，当作烟囱。接下来，把小屋的正面和背面两块贴布正面相对，缝好，留着底边不要缝。

在芬兰，圣诞季也称作 Joule 或 Jul

8. 翻到小屋正面，并用填充物填满。在小屋底边往里折出缝份，再用手工或缝纫机把底边的开口缝合。

9. 做一个挂绳，这样就可以把它挂在圣诞树上做装饰了。

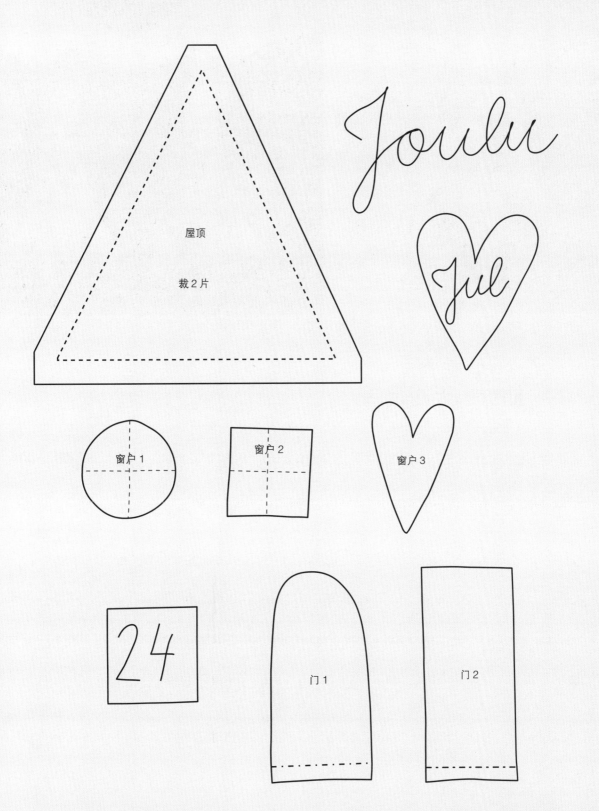

屋顶

裁 2 片

Joulu

Jul

窗户 1

窗户 2

窗户 3

24

门 1

门 2

仙女小天使玩偶

　　我把这些小家伙叫作仙女小天使。和那些带有季节特点的装饰品相比，它们总是如此的欢快明朗，何时何地都可以挂在房间里，给你带来无穷无尽的欢乐。

成品尺寸：

从头到脚的尺寸大约为 23cm

　　具体的做法请参照书中第 64-67 页之间的"花园小天使"。除此之外，你还需要用到以下的装饰。

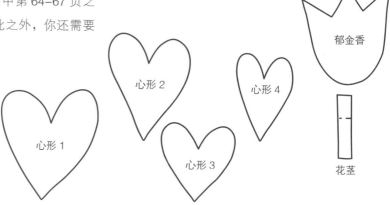

心形 1

心形 2

心形 3

心形 4

郁金香

花茎

作者简介

  卡吉沙·威克曼（Kajsa Wikman），是一位艺术家、教师，还是知名博主。现在，她与家人住在芬兰的首都赫尔辛基。同时，她还拥有一间名为"赛克设计"的小公司，主营欢乐的、带有童趣的贴布设计及印刷品业务。卡吉沙曾参与制作和编写了《婴儿拼布》《漂亮的小枕头》《拼布小手工》等书籍。

联系方式：

网站： www.syko.fi   **电子邮箱：** info@syko.fi

博客： syko.typepad.com   **联系电话：** +358 50 3602447

在线商店： syko.etsy.com

摄影师简介

  珊娜·皮尔瓦科司基（Sanna Peurakoski），是一位有着十年摄影经验的专业摄影师。她的专业领域是广告及艺术品的拍摄。在她的摄影作品中无时无刻不体现着她的生活哲学：美，就是新潮。

材料来源

麦克尔·米勒布料公司

www.michealmillerfabrics.com

罗伯特·考夫曼布料公司

www.robertkaufman.com

图书在版编目（CIP）数据

北欧风格的缝纫书：21 种有季节特色的创意方案 /（芬）威克曼著；赵佳荟译 .
——北京：华夏出版社，2015.2
书名原文：Scandinavian stitches: 21 playful projects with seasonal flair
ISBN 978–7–5080–8277–6

Ⅰ . ①北… Ⅱ . ①威… ②赵… Ⅲ . ①缝纫—图解 Ⅳ . ① TS941.634–64

中国版本图书馆 CIP 数据核字（2014）第 255459 号

北京市版权局著作权合同登记号：图字 01–2012–7475

北欧风格的缝纫书：21 种有季节特色的创意方案

作　　者	（芬）卡吉沙·威克曼	
译　　者	赵佳荟	
责任编辑	尾尾鱼　有　棠	
美术编辑	殷丽云	
责任印制	刘　洋	
出版发行	华夏出版社	
经　　销	新华书店	
印　　刷	北京华宇信诺印刷有限公司	
装　　订	三河市少明印务有限公司	
版　　次	2015 年 2 月北京第 1 版	
	2015 年 2 月北京第 1 次印刷	
开　　本	787×1092　1/16 开	
印　　张	8	
字　　数	30 千字	
定　　价	49.80 元	

华夏出版社　网址 :www.hxph.com.cn　地址 : 北京市东直门外香河园北里 4 号　邮编 :100028
本版图书如有印装质量问题，请与我社营销中心调换。电话 :010-64677853